普通高等教育（高职高专）

园林景观类"十三五"规划教材

YUANLIN ZHIWU

园林植物

（第2版）

黄金凤　编著

中国水利水电出版社
www.waterpub.com.cn
·北京·

内 容 提 要

本书是江苏建筑职业技术学院园林工程技术专业教学改革的成果之一，也是园林工程技术专业校级品牌专业建设的成果之一。本书依据园林行业对人才的知识、能力、素质的要求，理论知识的"必需、够用、管用"为度，坚持以职业能力培养为主线这一指导思想编写而成。

本书内容分为两大部分，第一部分包括前3个章节，阐述了园林植物的应用知识，第二部分包括后7个章节，汇集了常见园林植物中乔木、灌木、花卉、藤本、水生植物、竹子、观赏草等植物的文化特征、学名、别称、拉丁名、科属、植物类型、典型特征、典型习性、园林用途、地理位置等内容。每一种植物都配套有二维码，扫码可以获得对应的音频介绍和丰富精美的图片资料，另外每章节后配有知识拓展和实训提纲。

另外，本书配套有网络在线课程链接、微信学习平台公众号链接、教学课件、课程标准、教学方案设计、测试题等。

本书知识结构清晰系统，适合本科院校、高中等职业技术院校、函授、成人高校园林专业学生也可供与之相关的风景园林、环境艺术设计、园林规划设计、园林绿化、花卉等学科的自学人员；还可供各大院校相关专业教师教学或作为参考书使用。

图书在版编目（CIP）数据

园林植物 / 黄金凤编著. -- 2版. -- 北京 : 中国
水利水电出版社，2018.11
普通高等教育（高职高专）园林景观类"十三五"规
划教材
ISBN 978-7-5170-7091-7

Ⅰ．①园… Ⅱ．①黄… Ⅲ．①园林植物－高等职业教育－教材 Ⅳ．①S688

中国版本图书馆CIP数据核字(2018)第248494号

书　　名	普通高等教育（高职高专）园林景观类"十三五"规划教材 **园林植物（第 2 版）** YUANLIN ZHIWU
作　　者	黄金凤　编著
出版发行	中国水利水电出版社 （北京市海淀区玉渊潭南路 1 号 D 座　100038） 网址：www.waterpub.com.cn E-mail：sales@waterpub.com.cn 电话：（010）68367658（营销中心）
经　　售	北京科水图书销售中心（零售） 电话：（010）88383994、63202643、68545874 全国各地新华书店和相关出版物销售网点
排　　版	中国水利水电出版社微机排版中心
印　　刷	北京印匠彩色印刷有限公司
规　　格	210mm×285mm　16 开本　13.25 印张　382 千字
版　　次	2012 年 2 月第 1 版第 1 次印刷 2018 年 11 月第 2 版　2018 年 11 月第 1 次印刷
印　　数	0001—3000 册
定　　价	**55.00 元**

凡购买我社图书，如有缺页、倒页、脱页的，本社营销中心负责调换

第2版前言

Preface

　　园林植物是园林绿化工程的主体材料，园林植物对改善环境条件，美化人们的居住环境起着重要作用，识别和应用园林植物，是园林规划设计、园林工程施工、园林养护管理、花卉装饰等专业课程学习的基础，也是今后从事园林工作的基础。

　　本书是为满足高等职业院校教学改革和培养高等专业技术应用型人才的需要，基于对所培养从事园林应用及园林植物生产领域的人才质量的重要作用而编写的。本书依据园林行业对人才的知识、能力、素质的要求，理论知识以"必需、够用、管用"为度，坚持以职业能力培养为主线，重点阐述了园林植物的应用知识，并细致描述了园林中常见植物的科属、识别要点、产地分布、习性以及园林应用。在描述园林植物形态时，尽量简化园林植物的微观特征，从学生实际出发，从宏观特征上进行描述，以能满足高等职业教育园林类专业学生学习的需要为度。

　　本着加强学生基础知识和基础技能训练的原则，以培养学生终身学习的能力和创新能力为课程教学目标，本书共分为 10 章，内容在涵盖了园林植物应用和分类等知识的基础上，选取了华东、华中、江淮之间等地的常见园林植物进行介绍，包括常见的乔木、灌木、花卉、藤本、水生植物、竹子、观赏草等植物共计 200 多种。

　　本书属于"园林植物"课程建设教学成果之一，也是园林工程技术专业校级品牌专业建设的成果之一。本书在撰写的过程中汇集了本人多年积累的教学经验、园林植物知识和资料，并运用了灵活的教学学习平台，如园林植物网络在线课程、园林植物微信学习平台等，便于教学与学习。本书在编写过程中，张妍妍、廉娜、王莹、张钊、尼捷、张红璐等同学给予了很大的帮助，在此表示诚挚的感谢！由于时间仓促如有细节处理不到位和未做说明的地方还请读者见谅。

　　感谢教材团队中的每位成员，感谢园林工程技术专业校级品牌专业建设平台；感谢中国水利水电出版社的编辑和领导，同时也恳请同行和读者批评指正，以帮助我们进一步修订和完善。

编者

2018 年 7 月

第1版前言
Preface

园林植物是园林规划设计的主体材料，园林植物对改善环境条件、美化人们的居住环境起着重要作用。识别和应用园林植物，是园林规划设计、园林工程施工、园林植物栽培与养护管理、园林植物病虫害防治等专业课程学习的基础，也是今后从事园林工作的基础。

本书是为满足高等职业院校教学改革和培养高等专业技术应用型人才的需要，基于对所培养从事园林应用及园林植物生产领域的人才质量的重要作用而编写的。本书依据园林行业对人才的知识、能力、素质的要求，理论知识以"必需、够用、管用"为度，坚持以职业能力培养为主线，重点阐述了园林植物的应用知识，并细致描述了园林中常见植物的科属、形态特征、产地分布、习性以及园林应用等知识点。在描述园林植物形态时，尽量简化园林植物的微观特征，从学生实际接受能力出发，从宏观特征上进行描述，以能满足高等职业教育园林类专业学生学习的需要为度。

本书本着加强学生基础知识和基本技能的训练为原则，以培养学生的学习习惯和创新能力为课程教学目标。本书共分为6章，内容涵盖了园林植物的应用和分类等知识，选集了各地常见园林植物种类进行介绍，包括常见的乔木、灌木、藤本、竹类、花卉、水生园林植物及草坪植物共计350种左右。

参加本书编写的人员包括：江苏建筑职业技术学院黄金凤老师任主编（教材策划、大纲编写、课程标准编写、教学方案设计编写、样稿编写、统稿审稿以及第1章、第2章等内容编写）；北京农业职业技术学院李玉舒老师任第二主编（编写第4章的4.1节和4.2节部分内容）；内蒙古建筑职业技术学院南海风老师任第一副主编（编写第3章、第6章）；黑龙江林业职业技术学院高蕾老师任第二副主编（编写第4章的4.2节部分内容和4.3节）；甘肃林业职业技术学院郭继荣老师任第三副主编（编写第5章）；江苏建筑职业技术学院杨洁老师和吴小青老师任第四和第五副主编（负责图像后期技术处理，并参与审稿和统稿）。江苏建筑职业技术学院的丁岚老师、陈志东老师和杨宁宁老师等也参与了本书的编写。本书在编写过程中，引用一些学者的作品内容和图片在参考文献中已列出，在此表示诚挚的感谢！因编写人员多，时间仓促，如疏忽没有列出的文献，在此表示诚挚歉意。

囿于编者学识，加之时间仓促，书中的错误与缺陷在所难免，恳请同行和读者批评指正，以帮助我们进一步修订和完善。

编者
2011 年 11 月

目 录
Contents

第 1 章 绪 论

主要内容：

绪论中主要包括课程的学习内容和学习方法、园林植物的概念、园林植物的相关术语、园林植物的表达方法、园林植物在园林建设中的地位和作用。

学习目标：

了解园林植物的课程内容及相关术语，掌握园林植物这门课的学习方法和园林植物的表达方式，认识到园林植物在园林建设中的地位和重要作用。

1.1 概念

园林植物是指具有一定观赏价值，适用于室内外布置，以净化、美化环境，丰富人们生活的植物，又称观赏植物。包括观花、观叶或观果植物，以及适用于园林、绿地、风景区的防护植物与经济植物，室内花卉装饰用的植物也属于园林植物。园林植物包括木本和草本两大类，如各种针叶和阔叶树木、花卉、竹类、地被植物、草坪植物及水生植物等。园林植物是公园、风景区及城镇绿化的基本材料。

1.2 课程内容

园林植物课程的内容包括园林植物基础和园林植物识别两大部分。园林植物基础主要包括园林植物概念、相关术语、表达方法和在园林建设中的地位和作用，园林植物的应用、分类和命名及主要形态特征等知识；园林植物识别主要包括常见园林植物的识别要点、分布与习性及其在园林中的用途。

1.3 课程目标

通过园林植物课程的学习，使学生能够掌握园林植物的分类、形态、应用等基本知识和技能，培养常见园林植物的识别和应用能力，掌握常见园林植物的识别要点、习性、观赏特性以及园林用途。以便为进一步学习园林规划设计、园林工程施工与管理、园林植物栽培养护等课程打好扎实的基础。

1.4 学习方法

园林植物是园林专业的一门专业课。它由园林树木学、花卉学、植物学、植物生理学整合而成，具有较强的理论性和实践性。由于园林植物种类较多，地域性差异很大，形态、习性各有不同，在学习上会有一定难度，但也有学习技巧与方法。

1.4.1　善于观察

学习园林植物最有效的方法就是能够仔细观察身边的常见植物特征，拍下它的主要特征并把观察到的特征与课本上的标准形态联系起来，实现理论与实物的对接，效果明显。

1.4.2　善于比较

在学习过程中还要善于运用比较方法，特别是形态特征非常相似的科属或不同科属的植物，几种放在一起进行比较，抓住要领就能够加以区别。比如，迎春、连翘、云南黄馨等，花色上、花形上、叶形上等就有很多相同点，初学者如果不加以对比就会产生混淆，记忆模糊，如果相对比，就会发现三种植物的不同之处，开花时间有先后、花形上不同、枝干形态不同等特征，这样就会一次记住多种相似的植物的特征。

1.4.3　善于梳理

通过平时实践观察与理论知识对接的同时，多注意对所学的知识节点串联起来，形成清晰的、纵向的知识构架，以利于掌握系统的清晰的知识点，避免对知识点产生混淆和杂乱，增加掌握的难度。比如，常见的园林植物梳理，可按科属分类、按用途分类、按开花月份分类、按花色分类、按习性分类等。

园林植物虽然品种繁多，学习难度大，但只要掌握学习的方法和要点，就能取得良好的学习效果。

1.5　园林植物的相关术语

术语是各门学科的专门用语，有严格的规定，也有特殊的意义。《园林基本术语标准》（以下简称《基本术语》）是指在园林行业中比较常见，与园林规划设计联系相对比较紧密的行业专门用语。《基本术语》的推行将有利于园林及其相关行业在科学研究和技术交流中用语的规范化、行业管理的标准化、规划设计成果的严谨描述及合同文本的准确表达。

1.5.1　园林植物名称相关术语

（1）园林植物：适于园林中栽种的植物。

（2）观赏植物：具有观赏价值，在园林中供游人欣赏的植物。

（3）古树名木：古树泛指树龄在百年以上的树木；名木泛指珍贵、稀有或具有历史、科学、文化价值以及有重要纪念意义的树木，也指历史和现代名人种植的树木，或与历史事件、传说及神话故事有关系的树木。

（4）地被植物：株丛密集、低矮，用于覆盖地面的植物。

（5）攀缘植物：以某种方式攀附于其他物体上生长，主干茎不能直立的植物。

（6）温室植物：在当地温室或保护地条件下才能正常生长的植物。

（7）花卉：具有观赏价值的草本植物、花灌木、开花乔木以及盆景类植物。

（8）行道树：沿道路或公路旁种植的乔木。

（9）草坪：草本植物经人工种植或改造后形成的具有观赏效果，并能供人适度活动的坪状草地。

（10）绿篱：成行密植，作造型修剪而形成的植物墙。

（11）花篱：用开花植物栽植、修剪而成的一种绿篱。

（12）花境：多种花卉交错混合栽植，沿道路形成的花带。

（13）人工植物群落：模仿自然植物群落栽植的、具有合理空间结构的植物群体。

1.5.2　苗木规格相关术语

（1）直生苗：又称实生苗，系用种子播种繁殖培育而成的苗木。

（2）嫁接苗：系用嫁接方法培育而成的苗木。

（3）独本苗：系地面到冠丛只有一个主干的苗木。

（4）散本苗：系根茎以上分生出数个主干的苗木。

（5）丛生苗：系地下部（根茎以下）生长出数根主干的苗木。

（6）萌芽数：系有分蘖能力的苗木，自地下部分（根颈以下）萌生出的芽枝数量。

（7）分叉（枝）数：又称分叉数、分枝数，系具有分蘖能力的苗木，自地下萌生出的干枝数量。

（8）苗木高度：常以"H"表示，系苗木自地面至最高生长点之间的垂直距离。

（9）冠丛直径：又称冠径、蓬径，常以"P"表示，系苗木冠丛的最大幅度和最小幅度之间的平均直径。

（10）胸径：常以"Φ"表示，系苗木自地面至 1.3m 处，树干的直径。

（11）地径：常以"d"表示，系苗木自地面至 0.3m 处，树干的直径。

（12）泥球直径：又称球径，常以"D"表示，系苗木移植时，根部所带泥球的直径。

（13）泥球厚度：又称泥球高度，常以"h"表示，系苗木移植时所带泥球地部至泥球表面的高度。

（14）培育年数：又称苗龄，通常以"一年生""二年生"……表示。系苗木繁殖、培育年数。

（15）重瓣花：系园林植物栽培，选育出雄蕊瓣化而成的重瓣优良品种。

（16）长度：又称蓬长、茎长，通常用"L"表示，系攀缘植物主茎从根部至梢头之间的长度。

（17）紧密度：系球形植物冠丛的稀密程度。通常为球形植物的质量指标。

（18）平方米：通常以"m^2"表示，系植物种植面积计量单位。

1.6　园林植物的表达方法

园林植物的表达方法一般都采用图例概括地形式表示，其方法为：用圆圈表示树冠的形状和大小，用黑点表示树干的位置及树干粗细。由于树木种类繁多，大小各异，仅用一种圆圈来表示是远远不够的，它不能清楚地表现出设计意图。因此我们应根据树种的类型、性状及姿态特征，用不同的树冠曲线加以区别，并由此强调直观效果。

1.6.1　乔木表达方法

一般情况下乔木表达方法有四种形式（图 1.6.1）。

（1）轮廓型：只用线条勾勒出轮廓，线条流畅，这种画法较为简单，而且多用于草图设计当中，可节省时间。

（2）分枝型：在树木的轮廓基础上，用线条组合表示树枝或者枝干的分叉。

（3）枝叶型：既表示分枝，又绘以冠叶。这种情况多用在大型的落叶乔木的绘制中。

（4）质感型：在枝叶型的基础上，再将冠叶绘以质感，这种情况一般也是用于大型落叶乔木，并且往往树木是处于重要位置、或者单独放置。

为了增强其立体效果，可以在背光地面增加落影，树木阴影的绘制程序如下。

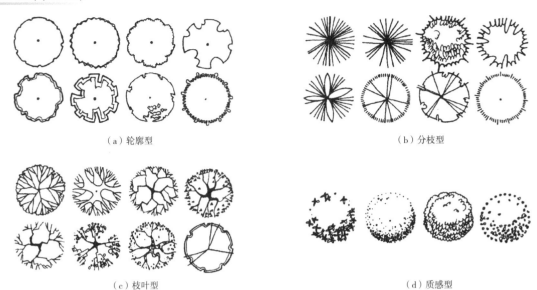

（a）轮廓型　　　　　　　　　　　　（b）分枝型

（c）枝叶型　　　　　　　　　　　　（d）质感型

图 1.6.1　乔木的四种表达方式

（1）实阴影型：先画出树形圆圈，并设定日照方向将圆圈板顺日照方向移动，轻轻地打一个圆圈，将空白处涂黑（图 1.6.2）。

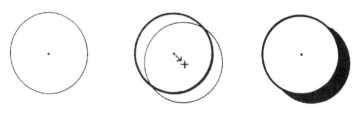

图 1.6.2　实阴影型

（2）影线型：用一系列平行日照方向的影线表示阴影（图 1.6.3）。

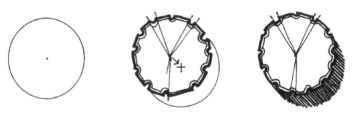

图 1.6.3　影线型

（3）重复轮廓型：用于较复杂的轮廓线，则可在阴影的底线上重复树木的轮廓，留一条细的白边界定树形及阴影（图 1.6.4）。

图 1.6.4　重复轮廓型

注意：表示树木的圆圈的大小应与设计图的比例吻合，即图上表示树木的圆圈直径等于实际树木的冠径，树木平面画法并无严格的规范，实际工作中可根据实际的构图需要创造不同的画法。

1.6.2 灌木的表示方法

灌木没有明显的主干，平面形状有曲有直，自然式栽植灌木丛的平面形状多不规则，修剪的灌木和绿篱的平面形状多规则的或不规则但平滑的。灌木的平面表示方法与树木类似，通常修剪规整的灌木可用轮廓、分枝或枝叶型表示，不规则形状的灌木平面宜用轮廓型和质感型表示，表示时以栽植范围为准。由于灌木通常丛生、没有明显的主干，因此灌木平面很少会与乔木平面相混淆（图1.6.5）。

图 1.6.5 灌木的表示方法

1.6.3 草坪与草地的表示方法

草坪宜采用轮廓勾勒和质感表现的形式，作图时应以地被栽植的范围线为依据，用不规则的细线勾勒出草坪的范围轮廓。

（1）打点法。打点法是较简单的一种表示方法，用打点法画草坪时所打的点的大小应该基本一致，无论疏密，点都要打得相对均匀（图1.6.6）。

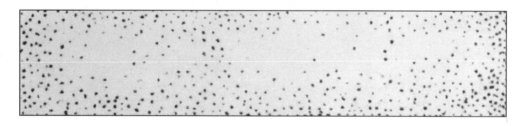

图 1.6.6 打点法

（2）小短线法。将小短线排列成行，每行之间的间距相近、排列整齐的可用来表示草坪，排列不规整的可用来表示草地或管理粗放的草坪（图1.6.7）。

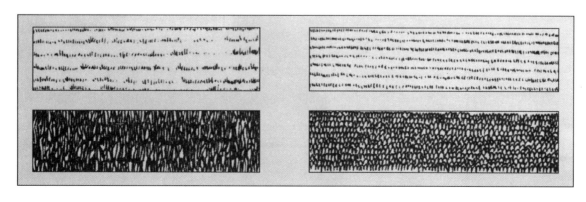

图 1.6.7 小短线法

（3）线段排列法。线段排列法是最常用的方法，要求线段排列整齐，行间有断断续续的重叠，也可稍许留些空白或行间留白。另外，也可用斜线排列表示草坪，排列方式可规则也可随意（图1.6.8）。

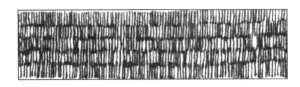

图1.6.8　线段排列法

1.6.4　绿篱的平面表示方法

一般依据绿篱修剪的形状为界线来表示（图1.6.9）。

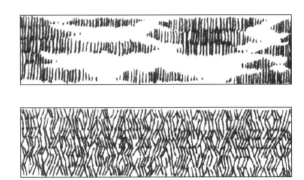

落叶阔叶规则式绿篱　　落叶针叶规则式绿篱

常绿阔叶规则式绿篱　　常绿针叶规则式绿篱

图1.6.9　各种绿篱的平面表示方法

1.6.5　植物立面形态

树木的立面表示方法也可分为轮廓、分枝和质感等几大类型。树木的立面表现形式有写实的，也有图案化的或稍加变形的，其风格应与树木平面和整个图面相一致（图1.6.10）。

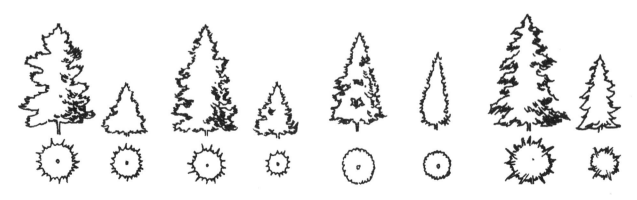

图1.6.10　植物立面形态

1.7 园林植物在园林建设中的地位和作用

当前，世界各国都非常重视园林建设工作，随着生产力的提高和经济的发展，大中型城市的人口过于集中，使人们返回大自然的要求愈加强烈，各国政府无不重视城市建设中园林绿地的发展。

园林景观中没有植物就不能称为真正的园林景观，植物造景是世界园林发展趋势中的基本素材之一，观赏植物种类繁多，色彩形态各异，且随着一年四季的变化，即使在同一地点也会表现出不同的景色，是活的有机体，园林中的建筑、雕塑、溪瀑和山石等，均需有恰当的园林植物与之相互衬托、呼应，以增加趣味性。

1.7.1 园林植物对环境改善、保护的功能

园林植物不仅有美化环境的功能，也有对环境改善、保护的功能，净化空气，通过滞尘使空气变得清新宜人；吸收噪声，有些植物能抵御有害气体，而另一些植物对有害气体敏感，是环境污染的天然监测器。

1.7.1.1 空气质量方面

植物通过光合作用，吸收二氧化碳放出氧气。科学数据显示，每公顷森林每天可消耗 1000kg 二氧化碳，放出 730kg 氧气。这就是人们到公园后感觉神清气爽的原因，通常，阔叶树种吸收二氧化碳的能力强于针叶树种；园林植物还能分泌杀菌素，城市中空气的细菌数比公园绿地中多 7 倍以上，公园绿地中细菌少的原因之一是很多植物能分泌杀菌素，根据科学家对植物分泌杀菌素的系列科学研究得知，具有杀灭细菌、真菌和原生物能力的主要园林植物有：雪松、侧柏、圆柏、黄栌、大叶黄杨、合欢、刺槐、紫薇、广玉兰、木槿、茉莉、洋丁香、悬铃木、石榴、枣、钻天杨、垂柳、栾树、臭椿及一些蔷薇属植物；此外，植物中一些芳香性挥发物质还可以起到使人们精神愉悦的效果，有些园林植物还可以吸收有毒气体，城市的空气中含有许多有毒物质，有些植物的叶片可以吸收解毒，从而减少空气中有毒物质的含量。经过实验可知，汽车尾气排放而产生的大量二氧化硫，臭椿、旱柳、榆、忍冬、卫矛、山桃既有较强的吸毒能力又有较强的抗性，是良好的净化二氧化硫的树种，此外，丁香、连翘、刺槐、银杏、油松也具有一定的吸收二氧化硫的功能，普遍来说，落叶植物的吸硫能力强于常绿阔叶植物，对于氯气，如臭椿、旱柳、卫矛、忍冬、丁香、银杏、刺槐、珍珠花等也具有一定的吸收能力；园林植物具有很强的阻滞尘埃的作用，城市中的尘埃除含有土壤微粒外，还含有细菌和其他金属性粉尘、矿物粉尘等，它们既会影响人体健康又会造成环境的污染，园林植物的枝叶可以阻滞空气中的尘埃，相当于一个滤尘器，使空气清洁。各种植物的滞尘能力差别很大，其中榆树、朴树、广玉兰、女贞、大叶黄杨、刺槐、臭椿、紫薇、悬铃木、腊梅等植物具有较强的滞尘作用。通常，树冠大而浓密、叶面多毛或粗糙以及分泌有油脂或黏液的植物都具有较强的滞尘力。

1.7.1.2 温度方面

夏季在树荫下会使人感到凉爽和舒适，这是由于树冠能遮挡阳光，减少辐射热，降低小环境内的温度。试验表明，树木的枝叶能够将太阳辐射到树冠的热量吸收 35％ 左右，反射到空中 20％～25％，再加上树叶可以散发一部分热量，因此，树荫下的温度可比空旷地低 5.8℃，而空气相对潮湿，遮阴力与树种、树冠、叶片有关，通常植物遮阴力愈强，降低辐射热的效果愈显著。

1.7.1.3 水分方面

植物可以净化水质，许多植物能吸收水中的有毒物质（汞、氰、砷、铬）并能转化、分解为无毒物

质。如 1hm 凤眼莲一昼夜能从水中吸收锰 4kg，钠 34kg，钙 22kg，汞 89g，镍 297g，锶 321g，铅 104g 等，如水葱、灯心草、荷花、睡莲、凤眼莲等，都有极强的净化污水的能力。植物可以调节空气湿度。园林植物对于改善小环境内的空气湿度有很大作用。植物通过蒸腾作用调节空气湿度，一株中等大小的杨树，在夏季白天每小时可由叶片蒸腾 5kg 水到空气中，一天即达 0.5t。如果在一块场地种植 100 株杨树，相当于每天在该处洒 50t 水的效果，不同植物的蒸腾度相差很大，有目标地选择蒸腾度较强的植物进行种植对提高空气湿度有明显作用，蒸腾力以蒸腾强度 g/(m² · h) 表示，不同树种蒸腾力比较见表 1.7.1。

表 1.7.1　　　　　　　　　　　　　　　不同树种蒸腾力比较　　　　　　　　　　　　单位：g/(m³ · h)

植　物	蒸　腾　力	植　物	蒸　腾　力
榆树	326	忍冬	252
白蜡	326	桦木	341
杨树	369	栎树	364
椴树	390	美国槭	388
松树	152	苹果	530

1.7.1.4　光照方面

阳光照射到植物上时，一部分被叶面反射，一部分被枝叶吸收，还有一部分透过枝叶投射到林下，由于植物吸收的光波段主要是红橙光和蓝紫光，反射的部分主要是绿光，所以从光质上说，园林植物下和草坪上的光具有大量绿色波段的光，这种绿光要比铺装地面上的光线柔和得多，对眼睛有良好的保健作用。在夏季还能使人在精神上觉得爽快和宁静。

1.7.1.5　声音方面

园林植物具有减弱噪声的作用，有利于人的健康，城市生活中有很多的噪声，如汽车行驶声、空调外机声等等。据测定，城市公园的成片树林可减低噪声 26.43dB，绿化的街道比没有绿化的减少 10.20dB；沿街房屋与街道之间，留有 5.7m 宽的地带种树绿化，可以减低车辆噪声 15.25dB。单棵树木的隔音效果虽较小，丛植的树阵和枝叶浓密的绿篱墙隔音效果十分显著。隔音效果较好的园林植物有：雪松、龙柏、水杉、悬铃木、梧桐、垂柳、臭椿、榕树等。

1.7.1.6　保护环境方面

园林植物可以涵养水源，保持水土，在林木茂盛的地区，地表径流只占总雨量的 10% 以下；平时一次降雨，树冠可截留 15.4% 的降雨量；科学家们观测发现森林覆盖率 30% 的林地，水土流失比无林地减少 60%；还有人对坡度为 13° 的山地做过观测，发现每年流失的土沙量，裸地是林地的 48 倍。园林植物可以防风固沙，加速降尘，在风害区营造防护林带，在防护范围内风速可降低 30% 左右，有防护林带的农田比没有防护林带的要增产 20% 左右，防风林带的效果和林带的高度有直接关系，林木越高大，防风沙效果也越好，根据林带的疏密和透风情况，常分为紧密结构林带、疏透结构林带、通风结构林带。

1.7.1.7　监测大气污染方面

利用敏感度高的植物，可监测大气污染及污染物质。空气中二氧化硫浓度达到 1.5ppm 时，人才能闻到气味，而紫花苜蓿在 0.3ppm 时就会出现。在清洁环境中桃树叶片的氟含量在 10mg/kg 左右，但含量达到 50mg/kg 以上就会出现伤害。唐菖蒲对氟化物特别敏感，用它可监测磷肥厂周围大气的氟污染。常见二氧化硫的指示植物有雪松、翠菊；氟及氟化氢的指示植物有：唐菖蒲、玉簪；氯及氯化氢的指示植物有：波斯菊、金盏菊；光化学气体的指示植物有：兰花、矮牵牛等。

1.7.1.8 其他防护作用

园林植物还有护堤、保护农田的作用。

总之，园林植物具有美化环境、改善环境和生产等三方面的功能，特别要强调的是，园林植物具有形体的变化、大小的变化、色相的变化及季相的变化，甚至晨昏的变化等，这是其他无生命的造园材料所没有的。

1.7.2 园林植物的美化功能

园林植物种类繁多，每种植物都有自己独特的形态、色彩、风韵、芳香等美的特色。而这些特色又能随季节及年龄的变化而有所丰富和发展。例如春季梢头嫩绿，花团锦簇；夏季绿叶成荫，浓彩覆地；秋季硕果累累，色香齐俱；冬季白雪挂枝，银装素裹；四季各有不同的风姿妙趣。园林设计中，常通过各种不同的植物之间的组合配置，创造出千变万化的不同景观。

1.7.2.1 株型与观赏习性

园林植物种类繁多、姿态各异。在植物造景中，树木的株型或姿态是园林景观的观赏特性之一，不同株型的树种给人以不同的感觉：高耸入云或波涛起伏，平和悠然或苍虬飞舞。与不同地形、建筑、溪石相配植，则景色万千。

1. 植物在园林景观中起到的作用

（1）加强或缓冲地形的起伏变化。在绿化配植中，树形是构景的基本因素之一，它对园林境界的创作起着巨大的作用。为了加强小地形的高耸感，可在小土丘的上方种植长尖形的树种，在山基栽植矮小、扁圆形的树木，借树形的对比与烘托来增加山的高耸之势（图1.7.1）。又如为了突出广场中心喷泉的高耸效果，亦可在其四周种植浑圆形的乔灌木；但为了与远景联系并取得呼应、衬托的效果，又可在广场后方的通道两旁各植树形高耸的乔木1株，这样就可在强调主景之后又引出新的层次。

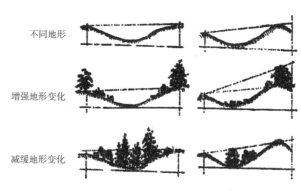

图1.7.1 加强或缓冲地形的起伏

（2）增加韵律、层次感的景观效果。不同形状的树木经过妥善的配植和安排，可以产生韵律感、层次感等种种艺术组景的效果（图1.7.2）。至于在庭前、草坪、广场上的单株孤植树则更可说明树形在美化配植中的巨大作用了。

图1.7.2 增加韵律和层次感

（3）作为视觉中心或特征标志。植物可以种植在空旷的草坪中作为视觉中心，也可以种植在园路转折处作为特征标志，引导游人（图1.7.3）。

2. 园林植物株型的组成

树形由树冠及树干组成，树冠由一部分主干、主枝、侧枝及叶柄组成。不同的树种各有其独特的树形，主要由树种的遗传性而决定，但也受外界环境因子的影响，而在园林中人工养护管理因素更能起决定作用。一个树种的树形并非永远不变，它随着生长发育过程而呈现出规律性的变化，园林工作者必须掌握这些变化的规律，对其变化能有预见性，才能成为优秀的园林建设者。一般来说，树形指正常的生长环境下成年树的外貌。通常各种园林树木的树形可分为图1.7.4的各类型。

图 1.7.3　植物作为视觉中心或特征标志

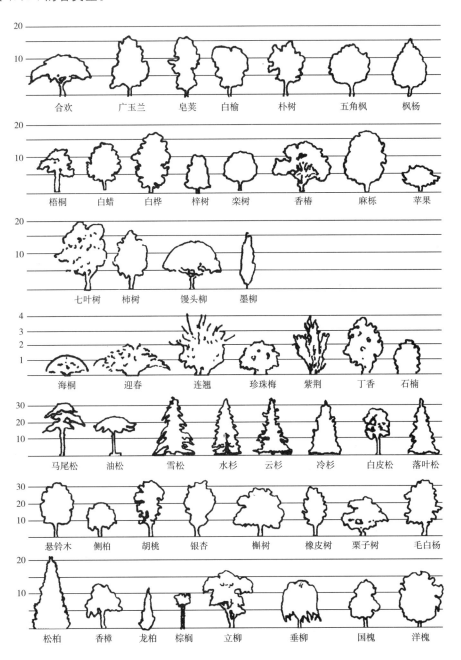

图 1.7.4　常见植物的株型（单位：m）

1.7.2.2 花与观赏习性

花是植物重要的观赏特性之一，主要有花形、花色、花香。

1. 花形

园林植物的花朵有各式各样的形状和大小，单朵的花又常排聚成大小不同、式样各异的花序。这些复杂的变化，就形成了不同的观赏效果。花一般由花柄、花托、花被、雌蕊和雄蕊组成（图1.7.5）。具备以上5部分的花，称为完全花；缺少其中一部分或几部分的，称为不完全花。

2. 花冠

花冠位于花萼内侧，由若干花瓣组成，排列为一轮或多轮，对花蕊具有保护作用，由于花瓣细胞中含有花青素或有色体，多数植物的花瓣色彩艳丽。有些植物的花瓣中有分泌结构，可释放出香味或蜜汁。因此，花冠还具有吸引昆虫传粉的重要作用。组成花冠的花瓣有离合之分。花瓣完全分离的称为离瓣花，如桃花、梨花；花瓣联合在一起的，称为合瓣花，如牵牛、丁香的花。由

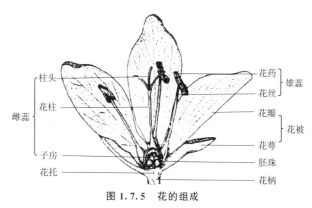

图1.7.5 花的组成

于花瓣形态和排列的不同，形成了形态多样的花冠，如有十字形的、蝶形的、舌状的、管状的、唇形的、漏斗状的、轮状的和钟状的等（图1.7.6）。

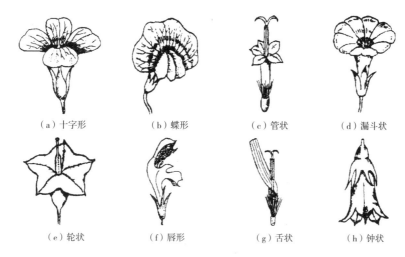

（a）十字形　　　　（b）蝶形　　　　（c）管状　　　　（d）漏斗状

（e）轮状　　　　（f）唇形　　　　（g）舌状　　　　（h）钟状

图1.7.6 花冠的类型

3. 花序

有些植物的花单生在叶腋或枝顶部位，称为单生花，如玉兰、牡丹等。但大多数植物的花是按一定的规律排列在花轴上。花在花轴上有规律的排列方式称为花序。花序可分为有限花序和无限花序两大类型（图1.7.7）。无限花序是指花轴在开花期可以继续生长，不断形成新的花，花由下而上或由边缘向中心陆续开放，主要有以下类型：总状花序、穗状花序、柔荑花序、伞房花序、伞形花序、隐头花序、肉穗花序、佛焰花序等；有些无限花序的花轴分枝，每一分枝呈现上述的一种花序，故称复合花序，常见的有复总状花序、复穗状花序、复伞房花序、复伞形花序和复头状花序。有限花序又称聚伞花序，各花开放的顺序由上而下，由内而外，由于花轴顶端的花先开放，因而花轴继续生长受到了限制，主要类型有单歧聚伞花序、二歧聚伞花序、多歧聚伞花序。

4. 花色

除花序、花形之外，色彩效果是植物最主要的景观要素之一。园林植物的色彩丰富，不同的色彩搭

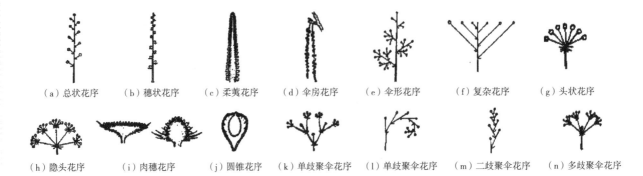

（a）总状花序　（b）穗状花序　（c）柔荑花序　（d）伞房花序　（e）伞形花序　（f）复杂花序　（g）头状花序

（h）隐头花序　　（i）肉穗花序　　（j）圆锥花序　　（k）单歧聚伞花序　（l）单歧聚伞花序　（m）二歧聚伞花序　（n）多歧聚伞花序

图 1.7.7　花序的类型

配，可营造出不同的景观效果，在植物配置时遵循统一、调和、均衡和韵律四大原则。在园林植物景观色彩设计中，对比和协调尤为重要。

（1）红色系。海棠、桃、杏、梅、樱花、蔷薇、玫瑰、月季、贴梗海棠、石榴、牡丹、山茶、杜鹃花、锦带花、夹竹桃、毛刺槐、合欢、粉花绣线菊、紫薇、榆叶梅、紫荆、木棉、凤凰木、刺桐、象牙红、扶桑等。

（2）黄色系。迎春、迎夏、连翘、金钟花、黄木香、桂花、黄刺玫、黄蔷薇、棣棠、黄瑞香、黄牡丹、黄杜鹃、金丝桃、金丝梅、蜡梅、金老梅、珠兰、黄蝉、金雀花、金莲花、黄夹竹桃、小檗、金花茶等。

（3）蓝色系。紫藤、紫丁香、杜鹃花、木兰、木蓝、木槿、泡桐、八仙花、牡荆醉鱼草、假连翘、薄皮木等。

（4）白色系。茉莉、白丁香、白牡丹、白茶花、溲疏、山梅花、女贞、荚蒾、枸橘、甜橙、玉兰、珍珠梅、广玉兰、白兰、栀子花、梨、白碧桃、白蔷薇、白玫瑰、白杜鹃花、刺槐、绣线菊、白木槿、白花夹竹桃、络石等。

5. 花香

以花的芳香而论，目前虽无统一的标准，但可分为清香（如茉莉）、甜香（如桂花）、浓香（如白兰花）、淡香（如玉兰）、幽香（如树兰）。不同的芳香对人会引起不同的反应，有的起兴奋作用，有的却引起反感。在园林中，许多国家常有所谓"芳香园"的设置，即利用各种香花植物配植而成。主要的花香植物有茉莉花、含笑、白兰花、珠兰、桂花、鸡蛋花、水仙、香雪球、玉簪、月季、玫瑰、丁香、梅花、夜合花、夜来香等。

1.7.2.3　叶与观赏习性

叶是园林植物的观赏要素之一，相对于花来说是观赏时间较长。

1. 叶的组成

叶一般由叶片、叶柄、托叶3部分组成。叶片是叶的主要部分，一般为绿色的扁平体。叶片内分布着叶脉，叶脉具有输送水分、养分和支持作用；叶柄是叶片与茎的连接部分，一般呈半圆柱形，主要起疏导和支持作用。叶柄内具有与茎相连的维管束，是叶片与茎之间物质运输的通道。叶柄可支持叶片，因其长短不一，并可扭曲生长和转动，使叶片分布于空间互不重叠，有利于光合作用；托叶位于叶柄与茎连接处，多成对而生，通常细小，形状因植物种类而异。有早落现象。托叶对腋芽和幼叶有保护作用。具有叶片、叶柄和托叶3部分的叶，称为完全叶，如豆科、蔷薇科等植物的叶。不具有3部分中任何一部分或两部分的叶，称为不完全叶。如泡桐的叶缺少托叶；金银花的叶缺少叶柄；郁金香既少叶柄又无托叶。

2. 叶形

植物叶片的形态多种多样，大小不同，可作为识别植物和分类的依据。叶片形态包括叶形、叶尖、叶基、叶缘、叶裂、叶脉等。叶形是根据叶片的长度和宽度的比值及最宽处的位置决定，叶形可分为各种类型（图1.7.8）。

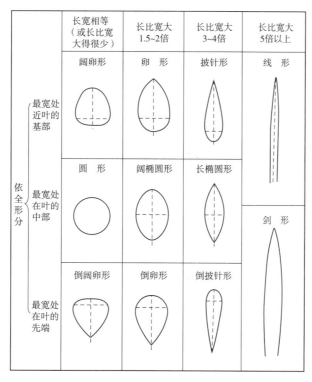

图 1.7.8 叶形的类型

3. 叶尖、叶基

叶尖是叶片尖端的形状，叶基是叶片基部的形状。叶片都有不同的形状，但同一种植物叶片的形态是比较稳定的。常见的叶尖形状有：渐尖、锐尖、尾尖、钝尖、尖凹、倒心形等。叶基常见的形状有：心形、耳垂形、箭形、楔形、戟形、圆形和偏斜形等（图1.7.9）。

4. 叶缘、叶裂

叶片的边缘称为叶缘，常见的形状有：全缘、锯齿、牙齿、钝齿、波状、深裂、全裂等（图1.7.10）。叶片的边缘凹凸不齐，凸出或凹入的程度较齿状叶缘大而深的，称为叶裂。依其深浅程度的不同可分为羽状浅裂、羽状深裂、羽状全裂、掌状浅裂、掌状深裂和掌状全裂（图1.7.11）。

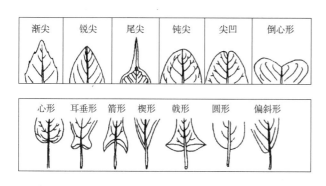

图 1.7.9 叶尖、叶基的类型

图 1.7.10 叶缘的基本类型

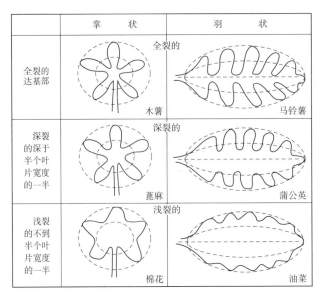

	掌 状	羽 状
全裂的达基部	全裂的 木薯	全裂的 马铃薯
深裂的深于半个叶片宽度的一半	深裂的 蓖麻	深裂的 蒲公英
浅裂的不到半个叶片宽度的一半	浅裂的 棉花	浅裂的 油菜

图 1.7.11　叶裂的基本类型

5. 叶脉

叶脉是叶中的维管束，按其在叶中的分布形式，可分为网状脉和平行脉两种类型。

（1）网状脉：网状脉是双子叶植物叶脉的特征，具明显的主脉，并由主脉分支形成侧脉，侧脉再经多级分支连接成网状。只有一条主脉，在两侧分生出侧脉且侧脉间有小叶脉相连的，称为羽状网脉，如女贞、桃等；从基部伸出多条主脉的，称为掌状网脉，如泡桐、五角枫等。

（2）平行脉：平行脉是单子叶植物叶脉的特征。平行脉分为直出平行脉，如竹；弧状脉、侧出平行脉，如美人蕉等；射出平行脉，如棕榈等（图 1.7.12）。

（a）羽状网脉　　（b）掌状网脉　　（c）三出脉　　（d）离基三出脉　　（e）直出平行脉　　（f）弧状脉　　（g）侧出平行脉　　（h）射出平行脉

图 1.7.12　叶脉的基本类型

6. 单叶、复叶

植物的一个叶柄上只生一个叶片的称为单叶。一个叶柄上生有两个以上的叶片称为复叶。总叶柄上着生的叶称为小叶，小叶的叶柄，称为小叶柄。根据小叶排列的方式可分为羽状复叶、掌状复叶、三出复叶、单身复叶 4 种类型（图 1.7.13）。

7. 叶序

叶序是叶在茎上的排列方式。叶序有 3 种基本类型：互生、对生和轮生（图 1.7.14）。互生叶序每节只生有一片叶，各叶交互而生，如杨、柳。对生叶序每节着生两叶，并相对而生，如丁香、女贞等。轮生叶序每节着生 3 片或 3 片以上叶，作轮状排列，如夹竹桃、猪殃殃等。此外，还有些植物的叶在节间短缩的枝上簇生称簇生叶序，如银杏、金钱松等。

1.7.2.4　果与观赏习性

植物的果实既有很高的经济价值，又有突出的美化作用。园林中为了观赏的目的而选择观果树种时，须注意形与色两方面效果。

（a）单身复叶　　（b）简化的偶数羽状　　（c）盾状三出复叶　　（d）羽状三出复叶　　（e）掌状三出复叶　　（f）盾状四出复叶
　　　　　　　　　　　复叶（歪头菜）　　　　　　　　　　　　　　　　　　　　　　　　　　　　　　　　　　　　　　（田字萍）掌状复叶

（g）掌状复叶　　　（h）奇数羽状复叶　　（i）掌状复叶　　　（j）奇数羽状复叶　　（k）掌状复叶　　　（l）偶数羽状复叶
　　木通（Akebia）　　红豆树（Ormosia）　　　　　　　　　　　槐（Sophora）　　鹅掌柴（Schefflera）　七叶树（Aesculus）
　　　［无患子（Sapindus）］

图 1.7.13　复叶的基本类型

（a）互生　　　　　（b）对生　　　　　　（c）轮生　　　　　　　（d）簇生

图 1.7.14　叶序基本类型

1. 果实的形状

一般果实的形状以奇、巨、丰为准。所谓"奇"，乃指形状奇异有趣为主。例如铜钱树的果实形似铜币；象耳豆的荚果弯曲，两端浑圆而相接，犹如象耳一般；腊肠树的果实好比香肠；秤锤树的果实如秤锤一样；紫珠的果实宛若许多晶莹剔透的紫色小珍珠；其他各种像气球的，像元宝的，像串铃的，其大如斗的，其小如豆的等，不一而足。而有些种类，不仅果实可赏，而且种子又美，富于诗意，如王维"红豆生南国，春来发几枝，愿君多采撷，此物最相思。"诗中的红豆树等。所谓"巨"，乃指单体的果形较大，如柚；或果虽小而果形鲜艳，果穗较大，如接骨木，均可收到"引人注目"之效。所谓"丰"，乃就全树而言，无论单果或果穗，均应有一定的丰盛数量，才能发挥较高的观赏效果。

2. 果实的色彩

果实的颜色，有着更大的观赏意义。"一年好景君须记，正是橙黄橘绿时"，苏轼这首诗描绘出一幅美妙的景色，这正是果实的色彩效果。现将各种果色的树木，分列于下：

（1）果实呈红色：桃叶珊瑚、小檗类、平枝枸子、水枸子、山楂、冬青、枸杞、火棘、花楸、樱桃、毛樱桃、郁李、欧李、麦李、枸骨、金银木、南天竹、珊瑚树、紫金牛、橘、柿、石榴等。

（2）果实呈黄色：银杏、梅、杏、瓶兰花、柚、甜橙、香圆、佛手、金柑、枸橘、南蛇藤、梨、木瓜、贴梗海棠、沙棘等。

（3）果实呈蓝紫色：紫珠、蛇葡萄、葡萄、獠猪刺、十大功劳、李、蓝果忍冬、桂花、白檀等。

（4）果实呈黑色：小叶女贞、小蜡、女贞、刺楸、五加、枇杷叶荚蒾、黑果绣球毛梾、鼠李、常春藤、君迁子、金银花、黑果忍冬、黑果枸子。

（5）果实呈白色：红瑞木、芫花、雪果、湖北花楸、陕甘花楸、西康花楸等。

除上述基本色彩外，有的果实尚有具花纹的。此外，由于光泽、透明度等的不同，又有许多细微的变化。在选用观果树种时，最好选择果实不易脱落且浆汁较少的，以便长期观赏。

1.7.2.5　枝干、根等与观赏习性

枝干就是植物的茎，是植物重要的营养器官。大多数植物的茎生长在地上部，其上有规律着生叶、花和果。这样可以便于叶片充分利用阳光进行光合作用，使花粉和种子利于传播。

1. 茎的形态

从外形看，多数植物的茎呈圆柱形，还有方柱形的茎，如蚕且、薄荷。从茎的质地上看，茎的木质化程度差异很大。一般将茎木质化程度低的植物，称为草本植物；而木质化程度高的植物，称为木本植物。植物的茎通常具有主茎和许多有规律分布的分枝。着生叶和芽的茎称为枝条。枝条上着生叶的部位称为节，叶柄与枝之间的夹角处称为叶腋。叶腋中着生的芽称侧芽。枝条上还可看到叶痕、叶迹、芽鳞痕和皮孔等。叶痕是叶片脱落后在茎上留下的痕迹，叶痕内的突起是叶柄与茎间的维管束断离后留下的痕迹，称为维管束痕或叶迹。顶芽展开、芽鳞脱落后留下的痕迹叫做芽鳞痕，根据芽鳞痕的数目，可判断枝条的生长年龄。

2. 枝条颜色

植物的枝条主要有红、绿两种颜色，也有少数其他颜色。

（1）红色：红瑞木、红茎木、杏、山杏、野蔷薇、赤枫。

（2）绿色：梧桐、隶棠、青榨槭。

（3）古铜色：山桃、桦木干皮。

3. 干皮形态和色彩

干皮形态如下。

（1）光滑树皮：许多青年期树木都属此类；

（2）横纹树皮：山桃、桃、樱花；

（3）片裂树皮：白皮松、悬铃木、木瓜、榔榆；

（4）丝裂树皮：青年期柏类；

（5）纵裂树皮：多数树种属此类；

（6）纵沟树皮：老年期的胡桃、板栗；

（7）长方裂纹树皮：柿、君迁子；

（8）粗糙树皮：云杉、硕桦；

（9）疣突树皮：暖地老龄树木。

干皮色彩如下。

树干的皮色对美化配置起着很大的作用，例如街道上用白色树干的树种，可产生极好的美化及预示路宽的实用效果。

树干显著颜色可分为如下几类：

（1）暗紫色：紫竹；

（2）红褐色：马尾松、湿地松、火炬松、杉木；

（3）黄色：金竹、黄桦；

（4）灰褐色：一般树种；

（5）绿色：竹、梧桐；

（6）斑驳色彩：黄金嵌碧玉竹、碧玉嵌黄金竹、木瓜等；

（7）白或灰色：白皮松、白桦、胡桃、朴、山茶、悬铃木。

4. 根

根是种子植物的营养器官，一般生长在土壤中，构成了植物体的地下部分。吸收、输导、合成、贮藏和繁殖更新等功能。根据植物根发生部位的不同，可将根分为主根、侧根和不定根 3 种。植株地下部分所有根的总和称为根系。根系有直根系和须根系两种类型。直根系，主根发达，并与侧根有明显的区别。多数双子叶植物和裸子植物的根系均是此类型；如麻，须根系主根不发达或早期停止生长，在基部产生许多高度相似的不定根，呈须状，大部分单子叶植物的根系是此类型。如竹、棕榈。很多植物存在根的变态，像气生根是从茎上长出的不定根，暴露在空气中；有的茎基部有一块块板状突起，称为板根，如木棉、箭毒木等；有些长在海边、沼泽地区，土壤中空气少，无足够的气体进行交换，植物的根上长出许多直立的侧根，内有发达的通气组织，利于气体交换，称为呼吸根，如红树林植物。

另外，还有很多树木的刺毛等附属物，也有一定的观赏价值。如：玫瑰的刚毛状皮刺；五加的疣状皮刺；峨眉蔷薇小枝密被红褐刺毛，紫红色皮刺基部常膨大；卫矛枝上的木栓翅等。

1.7.3 园林植物的经济功能

园林树木的经济功能是指大多数的园林树木均具有生产物质财富、创造经济价值的作用。树木的全株或其一部分，如叶、根、茎、花、果、种子以及其所分泌的乳胶、汁液等，许多是可以入药、食用或作工业原料用，其中许多甚至属于国家经济建设或出口贸易的重要物资，它们在生产上的作用是显而易见的。但"园林结合生产"，不是"园林生产化"，过去有一个时期，有的人特别强调园林植物的单纯物质生产功能，对园林建设工作提出"园林生产化"的口号，把它当作方针政策来推行。结果，公园中的草坪破坏了，许多园林树木被砍倒，换植成果树，供游人水上活动的湖池围起来变成养鱼池等。植物经济功能主要体现在如下几个方面。

（1）榨油：香樟、乌桕、核桃、油橄榄；
（2）香料：刺槐、香樟、丁香、玫瑰；
（3）食用：银杏、柿、枣、枇杷、橘、葡萄等；
（4）造纸：白榆、白杨、青桐、芦苇、构树、竹类；
（5）染料：国槐、栾树；
（6）药用：绝大部分树木的根、叶、花、果实、种子、树皮等可供药用。

【知识拓展】

网 络 资 源

在网上有很多园林植物资源，像中国植物数据库、植物图片大全等等，我们可以充分利用网络资源来学习园林植物，了解植物形态。

1. 花卉图片：http：／／www. fpcn. net／
2. 植物图片大全：http：／／www. bm8. com. cn／zhiwutupian／
3. CVH 植物图片库：http：／／www. cvh. ac. cn／
4. 中国数字植物标本馆：http：／／www. cvh. org. cn／
5. 中国珍稀濒危植物：http：／／jky. qzedu. cn／zhsj／zxzw／zxzwzy. htm

【实训提纲】

1. 目的要求

通过对身边园林植物的花、叶、果、干等的观察，了解植物花和花序的构造特点，掌握花的形态及花序类型；了解叶的叶形、叶缘、叶裂、叶基以及单叶、复叶等的基本类型，学会用形态术语描述花、叶的形态特征，为学习植物分类奠定基础。

2. 实训项目支撑条件

（1）工具：放大镜、纸、笔、剪刀等。

（2）材料：花的形态和各种叶观察所需材料：各种类型花和叶的新鲜标本或浸泡标本，或植物实训场或植物园等。

3. 实训方法

借助放大镜等仪器，由外向内观察识别花萼、花冠、雄蕊、雌蕊的形态特征、类型、构造和数目。并作好相应的记录。

采摘不同的叶，进行观察，对比，辨别出它的叶形、叶缘、叶裂、叶基以及单叶、复叶等，并作出相应的记录。

4. 实训要求

（1）题目：花的形态观察和花序的观察。

（2）作业要求：

1）辨别身边植物的花的类型，数量不少于10种，拍下照片并作文字说明。

2）辨别身边植物的叶的类型，数量不少于15种，拍下照片并作文字说明。

第2章 园林植物的应用

> **主要内容：**
>
> 本章主要介绍树木在园林绿化中的应用、花卉在园林绿化中的应用、水生植物在园林绿化中的应用等内容。
>
> **学习目标：**
>
> 了解掌握树木、花卉和水生植物等园林植物的选择原则和配植方式，为在园林建设中较好地应用各种园林植物打下基础。

2.1 树木在园林中的应用

2.1.1 园林树木的选择与配置原则

2.1.1.1 美观、实用、经济相结合的原则

1. 美观

配置树木时，在满足其生态习性的基础上，应讲究美观。这种美既要有树种个体的美，又要有与环境搭配后展现出来的美。

（1）选择生长正常的树种，既不细弱，也不徒长，无病虫害。园林树木之美不论其主要外形、色彩、风韵或建筑物配合协调关系等的哪一方面，都要以健康作为基础。

（2）应以树木自然长成的形式为主，少运用人工造型，以展现树木生机勃勃的美感。

（3）应展现不同树龄、不同季节、不同气候变化所产生的不同美，以制造常见常新的多变风景。

2. 实用

在树种选择和配置时，应明确该树种所要发挥的主要功能是什么，必须满足园林综合功能的主要功能要求，在满足主要目的的前提下还应考虑如何配植才能取得较长期、稳定的效果。例如：行道树就要考虑树形主干通直、树冠宽大整齐、分枝点高、生长快、根系发达、叶密荫浓，以构成街景，并适于大量生产，较经济实惠，另外要考虑抗污染、耐修剪、寿命长、病虫害少、无刺等使用养护的要求。

3. 经济

在充分发挥园林树木综合功能的前提下应做到经济实惠。

（1）合理使用名贵树种。有的园林滥用名贵树种，这样做不仅增加了造价，造成浪费，而且使珍贵树种随处皆是，也就显得平淡无奇了，其实，很多常见的树种如桑、朴、槐、楝等，只要安排、管理得好，可以构成很美的景色。当然，在重要风景点或建筑物迎面处可以将名贵树种酌量搭配，重点使用。

（2）多选用乡土树种。各地乡土树种适应本地风土的能力最强，而且种苗易得，又可突出本地园林的地方色彩，因此，须多加应用。当然，外地的优良树种在经过引种驯化成功后，也可与乡土树种配合应用。

（3）结合生产，选择经济价值高的树种。在不影响园林树木主要功能的前提下，尽量结合生产，选

择经济价值高的树种。园林中经济价值高的树种很多，像花果繁多、易采收、供药用而价值较高的凌霄、广玉兰之花及七叶树与紫藤种子等；栽培粗放、开花繁多、易于采收、用途广、价值高的桂花、玫瑰等；栽培简易，结果多、出油率高的油棕、油桐、核桃、扁桃、花椒、山杏等。隙地、荒地配置适应性强、用途广的树种，如湖岸道旁种紫穗槐；沙地种沙棘；碱地种柽柳等。选用适应性强，可以粗放栽培，结实多而病虫害少的果树，如南方的荔枝、龙眼等；北方的枣、柿、山楂等。白果的药用价值很高，既可作为药用，也可作为膳食用。

2.1.1.2 树木特性与环境条件相适应的原则

树木的特性包括生物学特性和生态学特性两方面。

1. 生物学特性与环境条件相适应

植物生命过程中所表现的特点，如树木的外部形态、生长速度、开花结果等特性特点，在配置时必须与环境相协调，以增加园林的整体美。如在自然风格的园林中，树木形态应采用姿态飘逸的树种，而在规则式风格的园林中，则应选择较整齐或有机几何形状的树种。

在不同结构和不同色彩的建筑物前，应采用与建筑物相协调的树形与色彩，以产生对比衬托的效果。如庄严宏伟、黄瓦红墙的宫殿式建筑，配以苍松翠柏，可以起到相互呼应、衬托建筑主体的效果。

2. 生态学特性与环境条件相适应

每种树种都有它的适生条件，所以在树种选择与配置时一定要做到适地适树。根据树木对水分的需要，在地下水位较高或较低的地方栽植耐水湿的树种。土壤的酸碱度也对植物有很大的影响，所以在选择植物时应根据土壤的酸碱度来定。

总之，应以植物本身特性及其生态条件作为树种选择的基本因素来考虑。

2.1.2 园林树木的配置形式

2.1.2.1 园林植物配置方式分类

园林植物配置方式是就园林树木搭配的形式而言的。园林树木的配置一般分为规则式、自然式和混合式。

1. 规则式

规则式是指有规律的布置植物或以某种规则的图案重复出现，注重于装饰性的景观效果，对线形注重连续性，对景观的组织强调动态与秩序的变化。规则式通常有中轴线的前后、左右对称栽植，按一定株行距，体现严肃整齐的效果。

2. 自然式

自然式是根据地形与环境来模拟自然景色的绿化模式，从植物的配置到活动空间的组织、地形的处理等都以自然手法来组织，形成一种连续的自然景观组合。自然式是以自然的方式进行配植，无轴线。自然灵活，参差有序，活泼。

3. 混合式

混合式是指布局注重自然与规则的统一与分离，在统一之中求得共融性，分离之中求得对比。因混合式兼具自然式与规则式两者的特点，所以变化较多，在景观中注重点的秩序组成。混合式的空间构成，在点的变化中形成多样的统一，同观者之间的距离可更近一些。它不强调景观的连续性，更多的是注重个性的变化。

2.1.2.2 园林植物的配置方式

1. 孤植

孤植是指乔木或灌木单株栽植或两、三株同一种的树木紧密地栽植在一起，而且具有单株栽植效果的种植类型（图 2.1.1）。要求树种的姿态优美或具有美丽的花朵或果实。如雪松、金钱松、白皮松、油松、南洋杉、玉兰、广玉兰、樟树、七叶树、榕树。孤植所表现的是树木的个体美，在园林中常做主景，是园林种植中最小的构成部分。孤植时要根据空间选择树种大小，留出观赏空间：一般是 4 倍的树高。

2. 对植

对植是指用两株或两丛相同或相似的树，作相互对称或均衡的种植形式。对称种植（似天平），非对称种植（似杆秤），强调一种均衡的协调关系（图 2.1.2）。

图 2.1.1　孤植

图 2.1.2　对植

对称种植多用在规则式园林中，如：在园林的入口、建筑入口和道路两旁常运用同一树种、同一规格的树木依主体景物轴线作对称布置。对称式种植中，一般采用树冠整齐的树种。非对称种植用在自然式园林中，植物虽不对称，但左右均衡。如：在自然式园林的进口两旁、桥头、蹬道的石阶两旁、洞道的进口两边、闭锁空间的进口、建筑物的门口，都可形成自然式的栽植起到陪衬主景和诱导树的作用。非对称种植时，分布在构图中轴线的两侧的树木，可用同一树种，但大小和姿态必须不同，动势要向中轴线集中，与中轴线的垂直距离，大树要近，小树要远。自然式对植也可以采用株数不相同而树种相同的配植，如左侧是一株大树，右侧为同一树种的两株小树。

3. 行植（列植）

行列栽植，是指乔、灌木沿一定方向（直线或曲线）按一定的株行距连续栽植的种植类型（图 2.1.3）。行列栽植宜选用树冠体形比较整齐的树种，如圆形、卵圆形、倒卵形、椭圆形、塔形、圆柱形等，而不选枝叶稀疏、树冠不整形的树种。如行道树、林带、河边和绿篱的树木栽植。树种单一，突出植物的整齐之美。要求株行距：一般大乔木 5～8m，中小乔木 3～5m，大灌木 2～3m，小灌木 1～2m。行植成绿篱时，株行距一般 30～50cm。

4. 丛植（树丛）

丛植是由两株到十几株同种或异种、乔木或乔、灌木自然栽植在一起而成的种植类型（图 2.1.4）。其是绿地中重点布置的种植类型，也是应用最多的栽植方式，在园林种植中占总种植面积的 25.3%。

在古典园林中，树丛常与山石组合，设置在廊亭或房屋之角，起装饰配景和障景的作用。树丛还可与孤植树一样，配置在草地的边缘，道路的两侧、水边、道路的交叉处。几个树丛组合在一起，称为树丛组。道路可从丛间通过。用树丛组合成小空场或草地的半闭锁空间，便于休息和娱乐。树丛组也常设在林缘、山谷等地的入口处对植或成为夹景起装饰作用。

5. 群植（树群）

几十棵同种或不同种树木栽植，组成较大面积的树木群体。群植是由多数乔灌木（一般在 20 株以

图 2.1.3 行植

图 2.1.4 丛植

上）混合成群栽植在一起的种植类型（图 2.1.5）。树群与树丛的不同点在于植株数量多，种植面积大，所表现的是群体美，对单株要求不严格，仅考虑树冠上部及林缘外部的整体的起伏曲折韵律及色彩表现的美感。对构成树群的林缘处的树木，应重点选择和处理。树群的规模不可过大，一般长度不大于 60m，长宽比不大于 3∶1，树种不宜过多。树群常与树丛共同组成园林的骨架，布置在林缘、草地、水滨、小岛等地成为主景。由几个树群组成的树群组，常成为小花园、小植物园的主要构图，在园林绿地中应用很广，占较大的比重，是园林立体栽植的重要种植类型。

6. 片植（林植或纯林、混交林）

单一树种或两个以上树种大量成片栽植（上百棵）（图 2.1.6）。如中国传统园林中喜爱的竹林、梅林、松林，都是面积不大的纯林。如果将彩叶植物成片栽植，达到一定的规模，可营造出较有气势的景观。

图 2.1.5 群植

图 2.1.6 片植

2.2 花卉在园林中的应用

2.2.1 花坛

2.2.1.1 花坛定义

花坛是古老的花卉应用形式，是一种特殊的园林绿地，花坛是在具有几何形轮廓的种植床，其内种植各种不同色彩的花卉，运用花卉的群体效果来体现图案纹样，或观赏盛花时绚丽景观的一种花卉应用形式。

2.2.1.2　花坛的作用

1. 美化环境作用

花坛具有美化环境的作用，其表现在园林构图中常作为主景或配景，盛开的花卉给现代城市增加五彩缤纷的色彩，通过运用随季节更替的花卉，能产生形态和色彩上的丰富变化，具有很好的环境效果和欣赏及心理效应。从而协调了人与城市环境的关系，提高了人们艺术欣赏的兴趣。

2. 装饰基础作用

装饰作用是一种配景作用。花坛往往设置在一座建筑物前庭或内庭，美化衬托建筑物。花坛对一个主景，硬质景观，如纪念碑、水池、山石小品、宣传牌等起陪衬装饰作用，增加其艺术的表现力和感染力。而作为基础装饰的花坛不能喧宾夺主。

3. 分隔空间作用

用花坛分隔空间也是园林设计中一种常见的艺术处理手法。在城市道路两旁设置不同形式的花坛，可收到似隔非隔的效果。带型花坛则起到划分地面、装饰道路的作用，同时在一些地段设置花坛，可充实空间，增添环境美。

4. 组织交通作用

在分车带或道路交叉口设立花坛可分流车辆或人员，从而提高驾驶员的注意力，使人也有安全感。

5. 渲染气氛作用

在过年、过节期间，花坛运用大量有生命色彩的花卉装点街景，无疑增添了节日的喜庆热闹气氛。

6. 生态保护作用

花卉植物，是净化空气的"天然工厂"。花卉不仅可以消耗二氧化碳，供给氧气，而且可吸收氯、氟、硫、汞等有毒物质。有的鲜花具有香精油，香精油飘散在空气中，对于减少空气中结核杆菌、肺炎球菌、葡萄球菌的数量以及预防感冒，减少呼吸系统的疾病具有显著效果。

2.2.1.3　花坛的类型

现代花坛式样极为丰富，根据不同的划分方法，可将花坛分为不同的类型。

1. 根据花材分类

根据花材使用的不同，可分为盛花花坛和模纹花坛。

（1）盛花花坛（花丛花坛）。

主要由观花草本植物组成，表现盛花的群体的色彩美或绚丽的景观（图 2.2.1）。盛花花坛又称集栽花坛，是将几种不同种类、不同高度及不同色彩的花卉栽植成花丛状，一般是中间高，四周低，以供全方位欣赏，也可后高前低供单面欣赏。适合的花卉应当株丛紧密，开花繁茂，在盛花时应完全覆盖枝叶，要求花期较长，开放一致，花色明亮鲜艳，有丰富的色彩幅度变化。图案是从属的，可由同种花卉不同品种或不同花色的多种花卉群体组成。

北方盛花花坛常用的花卉有三色堇、雏菊、金盏菊、紫罗兰、金鱼草、石竹类、瓜叶菊、美女樱、矮牵牛、鸡冠花、凤仙花、翠菊、一串红等。

（2）模纹花坛。

主要由低矮的观叶植物或花和叶兼美的植物组成，表现群体组成的精美图案或装饰纹样（图2.2.2）。模纹花坛是以色彩鲜艳的低矮种类为主，在平面或立面上用植物种植成各种精美图案的一种花坛形式。模纹花坛中所有的花纹都一样平的花坛称毛毡花坛。花纹高低不平，有的凸出有的凹陷，称浮雕花坛。

常用的花卉有五色苋、半支莲、香雪球、地被石竹、彩叶草、四季秋海棠等，平时应经常修剪以保

图 2.2.1　盛花花坛

图 2.2.2　模纹花坛

持花坛图案的纹样清晰和整齐美观。

2. 根据空间位置分类

根据空间位置，可分为平面花坛、斜面花坛和立体花坛。

（1）平面花坛。平面花坛从观赏角度来说，平面花坛就是以平面为观赏面的花坛。

（2）斜面花坛。斜面花坛是以斜面为观赏面，经常设置在斜坡处或者搭架构建。我们看到的很多模纹花坛也可以称为斜面花坛（图2.2.3）。

（3）立体花坛。立体花坛的特点就是可以从四面观赏，向空间构建的花坛。平常所讲的造型、造景花坛很多都属于立体花坛（图2.2.4）。

图 2.2.3　斜面花坛

图 2.2.4　立体花坛

图 2.2.5　独立花坛

3. 根据花坛的组合分类

根据花坛的组合及布局分为独立花坛、花坛群和带状花坛。

（1）独立花坛。独立花坛就是一个独立存在的花坛，常是一个局部构图的主体或构图中心（图2.2.5）。它可以布置成平面形式、斜面形式，又可布置成立体形式。形状可以是圆形、椭圆形、多边形等，也可以是多面对称的几何图形。其形式可是花丛式、模纹式、标题式等。独立花坛面积不宜太大，否则远处的花卉就会模糊不清。独立花坛在许多情况下还可做突出处理，如在花坛的中央做一个瓶饰、雕像，或用常绿树装饰中心。

（2）花坛群。花坛群是由多个花坛组成一个不可分割的构图整体（图2.2.6）。可以由许多个相同或不同形式的独立花坛组成，但在构图及景观上具有统一性。花坛群的配置一般为对称排列。单面对称，许多花坛对称排列在中轴线的两侧。多面对称，多个花坛对称排列在多个相交轴线的两侧。花坛群的构图中心是独立花坛、水池、喷泉、雕塑等。组成花坛群的各花坛之间常用道路、草皮等互相联系，可允许游人入内，有时还可设置座椅、花架等供游人休息。花坛群与独立花坛相比，游人可以进入观赏，艺术感染力更强。国外的沉床花坛群，布置在凹地，有很强的艺术效果。

（3）带状花坛。一般情况下游人的视线是运动的。带状花坛可以做主景，布置在道路的中央；可以作配景，为观赏草坪镶边；布置在道路的两侧，起装饰美化作用；在建筑物的墙基，掩映建筑与道路所形成的呆板的直角（图2.2.7）。

图 2.2.6 花坛群

图 2.2.7 带状花坛

2.2.2 花境

2.2.2.1 花境的定义

花境是模拟自然界中林地边缘地带多种野生花卉交错生长的种植方式，既展示了自然美，又展示了植物自然组合的群落美。花境实际上是园林中从规则式构图到自然式构图的一种过渡半自然式种植形式。它以树丛、绿篱或建筑物为背景，通常由几种花卉呈自然块状混合配置而成，表现花卉自然散布的生长景观。它的构图形式既不是色彩，也不是纹样，而是植物群落的自然景观（图2.2.8和图2.2.9）。

花境与花坛的区别在于地上部分花卉材料的选择和栽种形式。花坛是以一、二年生花卉为主，做规则式种植，花境内植物的选择以在当地露地越冬、不需特殊管理的宿根花卉为主，兼顾一些小灌木及球根和一、二年生花卉，做自然式种植。花境在外形上有别于自然曲线的花丛和带状花坛，实际上是一种

图 2.2.8　花境（一）

图 2.2.9　花境（二）

人工群落，需要精心养护管理才会保持较好的自然景观。花境多用于林缘、墙基、草坪边缘、路边坡地、挡土墙垣等装饰边缘。

2.2.2.2　花境的类型

花境依设计方式的不同可分为单面观赏花境和双面观赏花境。

1. 单面观赏花境

单面观赏花境，游人仅从一侧观赏的花境。一般布置在建筑物和绿篱的前面，道路的边缘。以建筑物及绿篱为背景，其高度可以稍微超过游人的视线，但不能高于背景物。一般宽度为2～3m为宜（图2.2.10）。

2. 双面观赏花境

双面观赏花境的两侧都可供游人观赏。一般设置在道路、广场、草地的中央，没有背景。以植物形成中间高两侧低。中间高的部分不超过游人的视线（花灌木花境除外），花境一般布置成长方形或狭长的带形（图2.2.11）。

图 2.2.10　单面花境

图 2.2.11　双面花境

2.2.2.3 花境植物选择的要求

1. 花境植物选择的总体要求

花境植物的选择应该是花期长、花叶兼美、管理简易、适应性强、能够露地越冬的多年生花卉。因此，所有的宿根花卉、球根花卉、花灌木都可以作为花境的种植材料。花境所表现的是植物群落的水平和垂直综合的自然景观。因此花卉植物的生物学特性和花境的艺术构图对植物都有要求。

2. 花期配合

要求四季美观，能不必经常更换而陆续开花，随不同季节交替变化。

3. 体形配合

使不同大小、高矮、形态互相参差，形成一定的变化，杂而不乱。花境的花卉植物通常是5、6种或10多种自然混合而成。

4. 色彩配合

植物间的色彩配合要有主次。植物与背景的色彩配合应有对比协调。

2.2.3 花丛

2.2.3.1 花丛的定义

花丛是用几株或几十株花卉组合成丛的自然式应用，以显示华丽色彩为主，极富自然之趣，管理比较粗放。

2.2.3.2 花丛设计的要求

花丛适宜布置在建筑物旁、路旁、林下、草地、岩缝和水边，特别适宜于自然式园林中应用。花丛多选用多年生，耐粗放管理的宿根或球根花卉，如蜀葵、芍药、鸢尾、萱草、菊花、百合、玉簪等。

由于花丛体量较小，选材时应少而精，以一种或两种花卉为主体。同时，还应根据土壤条件和周边环境进行选材和配量。花丛要求自然式布置，栽种时各株间距不要相等，也不要成行成列地种植，避免形成直线。同时各种花卉要高低错落、疏密有致，富有层次变化，并注意游人前进的方向，各花丛应有变化，避免千篇一律（图2.2.12）。

图2.2.12 花丛（花带）

图2.2.13 花台

2.2.4 花台

2.2.4.1 花台的定义

花台又称高设花坛，是高出地面栽植花木的种植地，与花坛类似，但面积较小，在庭院中做厅堂的对景或入门的框景，也有将花台布置在广场、道路交叉口或园路的端头以及其他突出醒目便于观赏的地方。四周用砖、石、混凝土等堆砌作台座，其内填入土壤，栽入花卉，一般在高出地面的台座上面形成的花卉景观，一般面积较小，台座高度多在 40～60cm（图 2.2.13）。

2.2.4.2 花台的形式

花台按形式分为规则式和自然式两种。

1. 规则式花台

规则式花台有圆形、椭圆形、方形、梅花形、菱形等，多用于规则式园林中。

2. 自然式花台

自然式花台常用于中国传统的自然式园林中，形式较为灵活，常结合环境与地形布置。

2.2.4.3 花台植物选择要求

植物材料应根据花台形状、大小及所在环境来选择。规则式花台多选用花色艳丽、株高整齐、花期一致的草本花卉，如鸡冠花、万寿菊、一串红、郁金香等，还可用麦冬类、南天竹、金叶女贞等作配植；自然式花台在植物种类选择上更为灵活，花灌木和宿根花卉最为常用，如芍药、玉簪、麦冬、牡丹、南天竹、迎春、竹类等，在配置上可以单种栽植如牡丹台等，也可以不同植物进行高低错落、疏密有致的搭配，不同植物种类混植时要考虑各种植物的生物学特性及生态要求。

2.2.5 花箱

2.2.5.1 花箱的定义

花箱是随着现代城市的发展、施工手段的完善而推出的花卉应用形式，具有施工便捷，形成迅速，便于移动和重新组合等优点。用木、竹、瓷、塑料制造的，专供花灌木或草木花卉栽植使用的箱子称为花箱（图 2.2.14 和图 2.2.15）。

图 2.2.14　组合花箱（一）　　　　　　　　图 2.2.15　组合花箱（二）

有时为烘托地域文化内涵，多可以模仿手推车、围棋、鼓、扇子、鸡蛋壳、瓜果等制作的容器造型，其造型逼真形象，有趣味性，可反映一定的文化气息，丰富城市景观效果，适合公园、绿地、花卉展示等环境使用。

2.2.5.2 花箱的形式

活动花箱的形式，可参考插花造型设计，一般根据观赏角度的不同，可分为单面观、双面观和多面观。

1. 单面观

单面观活动花箱以主视面为主，多摆放在只能一侧观看的庭院、绿地、建筑墙体前等，观赏人只需看到造型的一面。

2. 双面观、多面观

双面观和多面观一般摆放在广场、人行道、多角度观看的庭院及绿地内等，观赏人可从各个角度观看。

2.2.5.3 花箱植物选择的要求

活动花坛种植的花卉种类十分广泛，如一、二年生花卉，球根和宿根花卉，矮生的蔓性和匍匐性植物及多肉植物等。植物种类选择时以应时花卉为主。

植物材料的选择，株型、株高的配置，色彩的搭配都是花卉配置的关键，由于活动花箱体量有限，花卉的品种不能太多，色彩不宜太杂，2、3种为宜，若组合类品种可适当丰富，但也不宜超过5种。常用的有四季海棠、凤仙类、矮牵牛类、彩叶草、百日草类、孔雀草、万寿菊、一串红、兰花鼠尾草、美女樱、福禄考、三色堇、角堇、夏堇、石竹类、天竺葵等。

2.2.6 花卉立体应用

2.2.6.1 花卉立体应用的定义

花卉立体应用是相对于常规平面应用而言的一种应用形式，主要是通过适当的载体和植物材料，结合环境色彩美学与立体造型艺术，通过合理搭配，将花卉的装饰功能从平面延伸到空间，从而达到较好的立面或三维立体的绿化装饰效果。

花卉立体应用具有造型丰富、施工快捷、养护简便、观赏期长、不受场地限制、适应性广等主要特点。

2.2.6.2 应用形式

根据景观特点及所使用的花卉材料不同，花卉立体应用的形式也是多种多样的，一般应用形式有花球、花柱、花墙、花塔、花钵、花树、花桥、花拱门、亭台楼阁等。

花球主要有球形花球和球柱形花球两种。球形花球又分为直径为40cm和60cm两种规格，球柱形花球直径为40cm。

花柱、花墙、花桥、花拱门、亭台楼阁、巨型花球等，以不同色彩的花卉拼构出非常细致的图案（图2.2.16和图2.2.17）。另外这种立体花卉应用一般都是利用卡盆为基本单元，使得安装更为便利、快速，日常维护更为便捷。可用于城市广场、街道、公共绿地等场所，能充分体现出三维绿化、美化的优点。

图 2.2.16　花球花柱

图 2.2.17　花拱门

花塔有时也称为立体造型组合盆，不仅可用于栽植草本花卉，也可用于栽植小型绿篱植物或观花植物，快速形成大型花塔、黄杨球（塔）、女贞球（塔）、矮紫薇球（塔）等景观。

总之，花卉在室外环境中应用无处不在，大到广场、街道、公园、居住区，小到居室、庭院、几案无不进行独具匠心的花卉装饰，花卉造景也已成为反映一个城市、一个地区的精神文明、社会生活、园艺水平的窗口。

2.3 水生植物在园林中的应用

水生植物是指终年生长在水或沼泽地中的多年生草本观赏植物，一般情况下，生长迅速，适应性强，栽培管理省工省事。

2.3.1 水生植物的类型

2.3.1.1 挺水植物

挺水植物的根浸在泥中，茎叶挺出水面，一般生长在水深不超过1m的浅水中或沼泽地。如荷花（图2.3.1）、千屈菜（图2.3.2）、芦苇、慈姑、菖蒲等。

图2.3.1 荷花

图2.3.2 千屈菜

2.3.1.2 浮水植物

浮水植物的根生长在水底泥中，但茎不挺出水面，仅叶、花浮于水面或略高于水面，这些植物一般在稍深一些水域（2m左右）都能生长。如睡莲（图2.3.3）、王莲（图2.3.4）、大藻、荇菜、水鳖、田字萍等。

2.3.1.3 漂浮植物

漂浮植物全株漂浮在水面或水中，可随水漂浮流动，一般繁殖迅速，在深水、浅水中都能生长，这类植物可以作为水面的点缀装饰，在大水面上可以增加曲折变化。如水浮莲、浮萍（图2.3.5）、凤眼莲（图2.3.6）等。

2.3.1.4 沉水植物

沉水植物的茎、叶全部沉于水中，可用于生态鱼缸。黑藻、金鱼藻、毛茛（图2.3.7）、眼子菜（图2.3.8）、苦草、菹草等。

图 2.3.3　睡莲

图 2.3.4　王莲

图 2.3.5　浮萍

图 2.3.6　凤眼莲

图 2.3.7　毛茛

图 2.3.8　眼子菜

2.3.2　水生植物的栽植设计

2.3.2.1　水生植物的栽植设计形式

水生植物的栽植设计形式有两种：单一种植式和混合式。

1. 单一种植式

只有一种植物，如较大的水面种植荷花或芦苇等，可结合生产进行栽植。

2. 混种式

两种或两种以上的植物种植在一起，既要考虑生态要求，又要考虑美化效果上的主次关系，形成特色。如香蒲与慈姑配在一起，观赏效果较好，比香蒲与荷花配在一起更相宜，香蒲与荷花高矮差不多，配在一起相互干扰，显得凌乱，而香蒲与慈姑配在一起，有高有矮，搭配适宜，富于变化。

2.3.2.2 设计要求

1. 因地制宜，合理搭配

根据水面的大小、深浅，水生植物的特点，选择集观赏、经济、水质改良为一体的水生植物。如在大的湖面种植荷花和芡实很合适，在小的水面则以种植物叶形较小的睡莲更合适；在沼泽和低湿地带种植千屈菜、香蒲、石菖蒲等；处于静水的水池、塘宜植睡莲、王莲；水深1m左右，水缓慢的地方宜植荷花，超过1m的湖塘多植浮萍、凤眼莲等。

2. 数量适当，有疏有密

水生植物种植时不宜种满一池，水面看不到倒影，失去扩大空间和美化的作用；也不要沿岸种植一圈，而应疏密相间，有断有续，点、线、面结合。水生植物的面积应不超过水面的1/3，留有一定的空间显得生动活泼。

3. 控制生长，安置设施

为了控制水生植物的生长，常用的方法是将水生植物设置在种植床或种植缸内，以点缀水面，防止水生植物因生长而远离设计地点，在较大面积种植时，用砖或混凝土砌成栽植台，以限制植物长出所设计的区域。

【知识拓展】

苏州古典园林主要植物造景手法

古典园林的植物配置有很多传统手法，主要有种植时苗木的选用、大小排列、遮、挡、露、衬等。

1. 遮、挡

用植物将园内的一些非观赏重点，部分或大部分挡住，使观赏重点可以突出。用作遮挡的植物与被遮挡对象间的距离，影响着遮挡的效果，两者距离越大，则遮挡的范围越大。

拙政园入口处，过兰雪堂进入山水景区前，有一座湖石堆叠成的山峦，为障景性叠峰，处于进门处，叠峰本身体量不大，于是借助树木强化障景，采用多树种群植，配合孝慈竹衬托峰石的形式。留园石林小院中楫峰轩旁有湖石一峰，但不瘦不透，为遮盖丑态就植枸杞在旁边，伴石而生。

2. 露、衬

通过植物使园中一些观赏重点，部分或大部分显露，使之更为突出。有时遮挡合宜也具有衬托的作用，使重点显露，故此4种方法实际上是相辅相成的，并无严格区分。如留园冠云峰、瑞云峰、岫云峰三大著名峰石如没有植物衬托就觉得孤立无援难以显出其峻峭劲拔。拙政园远借北寺古塔的"空中通道"也是众多的树木遮挡了附近的民房的屋面后，才使得古塔隐约地显现在绿荫碧水之间，因此景深无限。

总之，苏州古典园林的植物景观配置和现代园林有很多不同之处，但是其艺术化的处理手法和遵循自然的态度值得我们好好借鉴。

【实训提纲】

1．目的要求

通过实训相关环节的练习可以使学生对园林树木和花卉应用等相关内容有个全面的了解与掌握，在对校园内植物的运用类型调查的过程，可以增加学生对此部分内容的理解。对校园内植物的运用类型作调查并对其进行评价，去积累和体会植物的配置方式。

2．实训项目支撑条件

此环节的实训项目训练可以结合后面的植物分类进行，调查、整理、绘图、分析等过程。所需条件有校园绿化环境、笔记本、笔、绘图工具。

3．实训任务书

题目：植物应用调查训练

作业要求：选择校园内典型植物配置方式地块，画该地块的植物配置平面图，并标明尺寸和植物名称。

【思考与练习】

1. 园林树木的配置形式有哪些？简述其特点。
2. 什么是花坛？花坛的类型有哪几种？
3. 什么是花境？花境的类型有哪几种？
4. 水生植物有哪几种类型？简述其特点。

第3章 园林植物的分类

> **主要内容：**
> 本章主要介绍园林植物的命名以及园林植物的各种分类方法。
> **学习目标：**
> 1. 了解植物分类的方法、植物分类的系统和植物分类的单位。
> 2. 掌握植物命名的法则。
> 3. 重点掌握植物分类检索的方法，能够编制植物检索表。

3.1 植物分类的目的

植物分类学是研究整个植物界不同类群的起源、亲缘关系及进化发展规律的一门学科，其目的是把繁杂的植物进行鉴定、分群归类、命名并按一定系统排列起来，以便于认识、研究和利用。

3.2 植物分类的任务

植物分类学任务有探索种的起源和进化；建立自然分类系统；记述和命名植物的"种"，命名和描述植物种的特征，编写出各地区的植物志；扩大植物应用，提高园林苗木生产及合理利用植物种质资源提供理论依据。

3.3 植物分类

3.3.1 植物分类的方法

植物分类学是在人类认识植物和利用植物的社会实践中发展起来的一门古老科学，为了更好的发掘、利用和改造植物，就需对它们进行系统科学的分类。

植物分类的方法是人们对植物的形态、构造、生活史和生活习性进行观察、研究、比较个体间的异同点，把具有共同点的种类归为一个类群，分成不同的分类等级。

1. 人为分类法

早期人们对植物的认识是从其习性、用途等几个特征作为分类依据，而不考虑亲缘关系和演化关系。如我国明朝李时珍著的《本草纲目》，以用途和习性为依据。再如瑞典的林奈是以雄蕊（有无、数目、着生情况）为分类依据，均属于人为分类的方法。

人为分类法是按照人们的应用目的和方法，以植物一个或几个特征作为分类依据，根据形态、习性、用途进行分类，利用的性状较少，不考虑植物物种之间的亲缘关系。这种方法着眼于应用上的方便，突出某一方面的实用性，通常不具有预测性。例如：按照园林观赏用途将植物分为行道树、孤散植类、垂直绿化类、造型及树桩盆景类、绿篱类等。

2. 自然分类法

19世纪后期，随着达尔文进化论的出现，自然分类逐渐发展。自然分类法是以植物进化过程中亲缘关系的远近作为分类标准，利用尽可能多的证据（包括形态学、化学、细胞学、孢粉学、分子生物学等）反映各物种间的亲缘关系。这种方法科学性较强，在生产实践中也有重要意义，并具有可预测性。例如用于人工杂交、培育新品种、探索植物资源等。随着生物分子领域的深入研究，现代科学技术对植物分类也起到了很大的促进作用，主要介绍以下几种。

（1）形态学分类。利用标本室核对、文献资料，形态解剖学等途径进行植物分类研究。形态分类研究对象有瓣型、花期、花色、雌雄蕊数目等，研究时需要对每个性状的描述非常详细，重要的是抓住主要特征，提取出植物的独特性进而分类。

（2）细胞学分类。通过研究植物间染色体组型的相似及差别，判定植物间的亲缘关系远近。研究对象有染色体臂比、染色体臂长、染色体数目、染色体附属物等。

（3）生化水平分类。通过提取植物所含有的化学物质、分子信息，对物质含量进行测定，对分子信息进行观察分析，进而对植物间的亲缘关系进行研究，以区分各种植物。

（4）分支分类。不同性状有不同的源，进化过程也是不等值的。通常某种性状可能进化快些，某些性状可能进化慢些。类群内共有的性状为祖先性状，不同的性状为个体特有的性状。以此为依据，进行类群内各植物的分析研究，判定其亲缘关系的远近，从而进行分类。

3. 二元分类法

以植物的自然起源为主线，依据植物在园林中的应用进行分类。例如梅花依据形态学不同分为四大系：美人梅系、真梅系、杏梅系和果梅系。而真梅系中人们依据观赏特性的不同又分为直枝梅、垂枝梅、龙游梅。

3.3.2 植物分类的系统

植物分类系统最著名的有恩格勒（A. Engler）系统和哈钦松（J. Hutchinson）系统。恩格勒是德国的植物学家。恩格勒系统分类的特点是：认为柔荑花序类植物在双子叶植物中是比较原始的类群；单子叶植物比双子叶植物原始。该系统在1964年根据多数植物学家的意见，将错误的部分加以更正，即认为单子叶植物是较高级的植物，放在双子叶植物后，目、科的范围亦有调整。由于恩格勒系统较为稳定和实用，所以在世界各国及中国北方多采用。

哈钦松是英国植物学家。哈钦松系统分类的特点是：认为木兰目植物比较原始；认为木本支与草本支分别以木兰目和毛茛目为原始点平行进化；柔荑花序类植物比较进化；单子叶植物比双子叶植物进化。

目前很多人认为哈钦松系统较为合理，我国南方学者采用哈钦松系统分类的较多。

3.3.3 植物分类的单位

种是植物分类的基本单位，也是各级单位的起点。所谓种，是指起源——共同的祖先，具有相似的形态特征，且能进行自然交配，产生正常后代（少数例外）并具有一定自然分布区的生物类群。种内个体由于受环境影响而产生显著差异时，可视差异大小分为亚种、变种等。其中变种是最常用的。集种成属、集属成科，集科成目，以此类推组成纲、门、界等分类单位。因此界、门、纲、目、科、属、种成为分类学的各级分类单位。在各级单位中，根据需要可再分成亚级，现以桃树为例说明分类上所用的单位：

界……植物界（Regnum Plantae）

门……种子植物门（Spermatophyta）

亚门……被子植物亚门（Angiospermae）

纲……双子叶植物纲（Dicotyledoneae）

亚纲……离瓣花亚纲（Archichlamydeae）

目……蔷薇目（Rosales）

亚目……蔷薇亚目（Rosineae）

科……蔷薇科（Rosaceae）

亚科……李亚科（Prunoideae）

属……梅属（Prunus）

亚属……桃亚属（Amygdalus）

种……桃（Prunus Persica）

3.4 植物的命名

每种植物，在不同的国家，或同一国家不同地区之间其名称也不相同，因而就易出现同物异名或同名异物的混乱现象，造成识别植物、利用植物、交流经验等的障碍。因此，为方便交流和统一植物名称，共同的命名法则是非常必要的。

在植物命名上，国际植物会议按照《国际植物命名法规》，规定了植物的统一科学名称，简称"学名"。学名是用拉丁文命名的，国际通用的是瑞典植物学家林奈（C. Linnaeus）所提倡用的植物"双名法"。

植物的命名法则如下：

（1）一种植物只能有一个合理的拉丁学名。

（2）拉丁名采用双名制，即属名加种名。

（3）属名用名词，首字母大写；种名一般用形容词，首字母小写。

（4）学名组成为：属名＋种加词＋命名人姓氏缩写。如桑树：Morus alba L. 桑树学名的属名，是拉丁文名词 morus（桑树），首字母大写，种加词一般是形容词，起着标志这一植物种的作用，首字母小写。如桑树的学名种加词 alba 是"白色"的意思。命名人姓氏，除单音节外均应缩写，缩写时要加省略号"."，且第一个字母大写如 Linnaeus（林奈）缩写为 L. 。

（5）两种不同植物不能有相同的学名。

（6）一般的植物，皆有双名的学名，少数具亚种（sub.）、变种（var.）或变型（f.）的，可具三名；"三名法"即学名由属名＋种加词＋亚种（变种或变型）加词组成。

如：亚种，其学名组成是：属名＋种加词＋命名人＋sub.（亚种的缩写）＋亚种加词＋亚种命名人；变种，其学名组成是：属名＋种加词＋命名人＋var.（变种的缩写）＋变种加词＋变种命名人，属名和命名人首字母大写外，其余以下各级名称首字母均小写。

3.5 园林植物的分类方法

园林植物种类繁多，分类体系多样。但园林植物分类仍以系统分类为主，着眼于应用的方便，按照园林植物的生长类型、生态习性、观赏性状等进行分类。

3.5.1 依植物进化系统分类

1. 裸子植物

由胚、胚乳和珠被形成种子，并不形成子房和果实，胚珠和种子裸露，如松柏类植物、苏铁等。

2. 被子植物

有真正的花，种子被果皮所包被。被子植物又分为双子叶植物和单子叶植物两大类。

双子叶植物种子的胚有 2 片子叶，主根发达，多为直根系，如垂柳、国槐、月季、菊花等大多数常见的植物。单子叶植物种子的胚只有 1 片子叶，多数为草本，须根系，如禾本科草坪植物、百合、萱草等。

3. 苔藓植物

最低等的高等生物，植物无花，无种子，以孢子繁殖。园林上应用较少。

4. 蕨类植物

以耐阴的观叶和地被植物为主，少数为木本。

3.5.2 依植物生长类型分类

1. 木本植物

（1）乔木类。主干明显，树干和树冠有明显的区分。树形高大，一般分为落叶乔木和常绿乔木。

（2）灌木类。无明显主干，近地面处生出许多枝条，呈丛生状。通常大灌木为 2m 以上；中型灌木为 1～2m；小灌木为 1m 以下。

（3）藤本类。茎木质化，长而细弱不能直立，必须缠绕或攀援它物上才能向上生长。

（4）匍地类。干、枝等均匍地生长，与地面接触部分可生出不定根而扩大占地范围，如铺地柏等。

2. 草本植物

（1）一、二年生花卉。一年内完成一个生活周期，称一年生植物。一般春季播种，夏秋季开花。秋季播种、翌年春季开花，在二年内完成一个生活周期，称为二年生植物。

（2）多年生花卉。在完成一个生育周期以后，其地下部分经过休眠，并能重新生长、开花和结果。根据地下形态的不同，可分为宿根植物和球根植物。

1）宿根花卉。冬季陆地可以越冬，根系存于土壤之中，次年重新萌发生长。

2）球根花卉。地下部分具有大的变态根或变态茎。根据其形态的不同又分为：鳞茎类、球茎类、块茎类、块根类和根茎类。

（3）草坪及地被植物。如早熟禾、狗牙根、假俭草、黑麦草等。

3.5.3 依植物生态习性分类

1. 阳性植物

在阳光比较充足的环境条件下，才能正常生长的树种，称为阳性植物，如大部分松柏类植物、一串红、结缕草等。

2. 阴性植物

能在荫蔽环境条件下正常生长的树木称为阴性植物。如玉簪、八仙花、普通早熟禾、黑麦草等。

3．中性植物

对阳光的要求介于阴性和阳性两者之间的植物，称为中性植物。如苏铁、金银花、紫羊茅等。

4．耐水植物

这类植物要求土壤水分充足，即使根部延伸至水中也不影响其正常生长。如水杉、垂柳、水曲柳等。

5．耐旱植物

耐干旱性强，如白皮松、刺槐、细叶早熟禾等。

6．耐盐碱植物

这类植物生长在含有一定盐碱的土中，如柽柳、白蜡等。

7．抗性植物

具有保护环境、能抵抗污染和自然灾害的植物都属于抗性植物。

3.5.4　依植物观赏特性分类

1．形木类

以观赏树木的特殊姿态为主，如雪松、龙爪槐、南洋杉等。

2．叶木类

以观赏叶形、叶色、大小为主。如银杏、紫叶李、龟背竹、鹅掌木等。

3．花木类

以观赏花形、花色、花香为主。如牡丹、紫薇、丁香等。

4．果木类

以观赏果实的大小、形状、色彩为主。如火炬树、石榴、丝绵木等。

5．干枝类

以观赏枝干的色彩为主。如山桃、白皮松、红瑞木等。

6．根木类

以观赏植物的板根、气生根为主。如榕树等。

3.5.5　依植物观赏花期分类

1．春花类

2—4月开放，如梅花、水仙、郁金香等。

2．夏花类

5—7月开放，如荷花、玫瑰等。

3．秋花类

8—10月开放，如菊花、桂花等。

4．冬花类

11月—次年1月开放，如腊梅、山茶等。

3.5.6　依园林用途分类

1．行道树

栽植在道路两侧，如公路、街道、园路、铁路等两侧，整齐排列，以遮阴、美化为目的的乔木树种。世界五大行道树：银杏、鹅掌楸、椴树、悬铃木、七叶树。

2. 孤散植树

布置在花坛、广场、草地中央、道路交叉点、河流曲线转折处外侧、水池岸边、庭院角落及园林建筑等处起主景、局部点缀或遮阴作用的一类树木。

3. 垂直绿化类

依据藤蔓植物的生长特性和绿化应用对象选择树种。

4. 绿篱类

以耐密植、耐修剪、养护管理方便，有一定观赏价值的木本种类为主。

5. 造型及树桩盆景类

经过人工修整的植物或置于盆内再现大自然风貌的植物均是园林景观不可或缺的艺术品。

3.6　植物分类依据及分类检索

3.6.1　植物分类依据

植物的鉴定、分群归类主要的依据有形态学、细胞学、解剖学、植物化学、分子植物学的各类标记等。形态学是通过研究植物的形态和结构（如花色、瓣型、雄蕊的数目等），根据个体发育与系统发育的特征进行植物的分类与系统演化的研究。深入到细胞学、分子生物学领域的植物分类研究能够更准确地确定植物间的亲缘关系、植物性状的发展快慢以及系统的发展演化关系。

3.6.2　植物分类检索表

植物分类检索表是鉴定植物的工具，一般包括分科、分属及分种检索表。植物检索表的编制常用植物形态比较法，按照科、属、种划分的标准和特征，选用一对明显不同的特征，将植物分为两类，又从两类中再找相对的特征区分为两类。以此类推，最后即可分出科、属、种或品种。常用的检索表有平行和定距两种形式。

1. 平行检索表

平行检索表中每一相对性状的描写紧紧并列以便比较，在一种性状描述结束即列出所需的名称或是一个数字。此数字重新列于较低的一行之首，与另一组相对性状平行排列。

1. 木本植物 …………………………………………………………………… 2
1. 草本植物 …………………………………………………………………… 5
2. 单叶 ……………………………………………………………………… 3
2. 复叶 ……………………………………………………………………… 4
3. 羽状叶脉 ……………………………………………………………（sp. 1）
3. 掌状叶脉 ……………………………………………………………（sp. 2）
4. 奇数羽状复叶 ………………………………………………………（sp. 3）
4. 偶数羽状复叶 ………………………………………………………（sp. 4）
5. 叶对生 …………………………………………………………………… 6
5. 叶互生 ……………………………………………………………（sp. 7）
6. 四强雄蕊 ……………………………………………………………（sp. 5）
6. 二强雄蕊 ……………………………………………………………（sp. 6）

2. 定距检索表

定距检索表中每对特征写在左边一定的距离处，前面标以数字，与之相对应的特征写在同样距离处。如此下去每行字数减少，距离越来越短，逐组向右收缩。定距检索表使用上较为方便，每组对应性状一目了然，便于查找核对。

1. 木本植物
2. 单叶
 3. 羽状叶脉 ……………………………………………………（sp.1）
 3. 掌状叶脉 ……………………………………………………（sp.2）
2. 复叶
 4. 奇数羽状复叶 ………………………………………………（sp.3）
 4. 偶数羽状复叶 ………………………………………………（sp.4）
1. 草本植物
 5. 叶对生
 6. 四强雄蕊 ……………………………………………………（sp.5）
 6. 二强雄蕊 ……………………………………………………（sp.6）
 5. 叶互生 ………………………………………………………（sp.7）

【知识拓展】

种及种下分类群

1. 种（Species）

种是生物分类的基本单位。它是具有一定的自然分布区和一定的生理、形态特征的生物类群。同一种中的各个个体具有相同的遗传性状，而且彼此杂交可以产生能育后代，但与另一个种的个体杂交，一般情况下，则不能产生后代。种是生物进化与自然选择的产物。

2. 种群（Population）

种群是物种的结构单元，一个物种是由若干个种群所组成，一个种群由同种许多个体所组成。而各个种群总是不连续地分布于一定的区域内（即种的分布区域）。每一种群内即是一个集体，自成一个繁殖体系，个体之间进行有性繁殖，交流基因，维持种的繁衍。

3. 亚种（Subspecies）

亚种是一个种内的类群。形态上有差别，分布上或生态上或季节上有隔离，这样的类群为亚种。

4. 变种（Variety）

种内有形态变异，变异比较稳定，分布的范围比亚种小得多，是一个种的地方种。

5. 变型（Form）

有形态变异，但看不出有一定的分布区，而是零星分布的个体，这样的个体为变型。

6. 栽培品种（Cultivar）

为了农业和园艺上的目的，凡具有任何一种特征（形态学的、生理学的、细胞化学的或其他）的栽培个体的集合，且被繁殖后（无性的或有性的），仍能保持这种可以区别的特征。

【实训提纲】

1．实训目标

（1）能够利用检索表检出植物所属科名。

（2）能够编制简单的植物检索表。

2．实训内容

在校园内进行园林植物的认识，进行以下内容的实训：

（1）给定已编制好的某些园林植物的分科检索表，通过课内园林植物的形态认识学习，在校园内断定具体的物种。

（2）通过课外园林植物物种的认识实习，编制植物检索表。

3．考核评价

（1）出勤率（10%）。

（2）过程表现（20%）。

（3）园林植物判定的准确性（30%）。

（4）编制植物检索表的科学合理性（40%）。

第4章 乔 木

> **主要内容：**
> 乔木是园林绿化的骨干材料，本章将介绍具有代表性的常绿阔叶乔木、常绿针叶乔木、落叶阔叶乔木、落叶针叶乔木等的学名、拉丁名、科属、植物特性与分布、应用与文化。
>
> **学习目标：**
> 能够正确识别常见的常绿阔叶乔木 10 种、常绿针叶乔木 10 种、落叶阔叶乔木 40 种、落叶针叶乔木 5 种，并掌握其专业术语及植物文化内涵。

4.1 乔木概念

乔木类是指树体高大（通常 6m 至数十米），具有明显高大的主干。依其高度可分为伟乔（31m 以上）、大乔（21～30m）、中乔（11～20m）和小乔（6～10m）4 级。按其冬季或旱季是否落叶又分为常绿乔木和落叶乔木。

由于乔木一般树体雄伟高大，树形美观，多数具有宽阔的树干、繁茂的枝叶，所以，在园林中一般多用于庭荫树、行道树、独赏树等。为了便于学生能更好地掌握乔木类在园林造景中的应用，下面将按照针叶乔木和阔叶乔木进行讲述。

4.2 针叶乔木

1. 白皮松

白皮松是传统园林绿化树种，北方皇家园林将白皮松视为"银龙""白龙"，以体现统治者"艮古长青"的理想；而南方私家园林多因其"松骨苍"，树皮斑斓，具沧桑成熟之美，与文人墨客的情怀相契合（图 4.2.1）。

学　　名：白皮松

别　　称：白果松、虎皮松、蛇皮松

拉 丁 名：*Pinus bungeana Zucc. ex Endl.*

科　　属：松科　松属

植物类型：常绿针叶大乔木

典型特征：叶 3 针一束，长 5.1cm，树皮呈不规则裂片状剥落。

典型习性：阳性树种，花期 4—5 月，球果翌年 9—11 月，对有毒气体抗性强。

园林用途：优良的园林景观树，行道树、背景树。

地理位置：华东、华中、华南地区。

图4.2.1　白皮松

2. 马尾松

马尾松树形高大雄伟，树冠如伞，姿态古奇，枝干苍劲，有吉祥之树，寿命绵长之称，浙江地区民间素有种植、保留马尾松为风水树、景观树之习俗；浙江是马尾松主产区之一（图4.2.2）。

学　　　名：马尾松

别　　　称：青松、山松

拉 丁 名：*Pinus massoniana Lamb.*

科　　　属：松科　松属

植物类型：常绿针叶大乔木

典型特征：叶2针1束，偶尔3针1束，长12.20cm，树皮红褐色，呈不规则鳞片状开裂。

典型习性：强阳性树种，花期4—5月，球果翌年10—12月，对有毒气体抗性强。

园林用途：优良的园林景观树、山地行道树种。

地理位置：黄河以南地区。

图4.2.2　马尾松

3. 黑松

黑松是著名的海岸绿化树种，具有无畏和不规律的生长特性，古朴、刚劲，具有多折角、男性化的外部形态，在传统的日本园林设计中，黑松常常是作为一座枯山水庭园或一处池泉庭园的中心焦点（图4.2.3）。

学　　　名：黑松

别　　　称：白芽松、日本黑松

拉　丁　名：*Pinus massoniana Lamb.*

科　　　属：松科　松属

植物类型：常绿针叶乔木

典型特征：叶2针一束，粗硬，长6.12cm；树皮灰黑色，裂成鳞片状脱落。

典型习性：阳性树种，花期3—5月，球果翌年10—11月，对有毒气体抗性强，寿命长。

园林用途：优良的海岸园林景观树、风景林、行道树，盆景材料。

地理位置：华东沿海地区。

图4.2.3　黑松

4. 日本五针松

日本五针松姿态苍劲秀丽，是名贵的观赏树种之一。

日本五针松是名贵的观赏园林绿化树种，姿态苍劲秀丽，松叶葱郁纤秀，富有诗情画意，集松类树种气、骨色、神之大成，宜与假山石配置成景，或配以牡丹，或配以杜鹃，或以梅为侣，以红枫为伴（图4.2.4）。

学　　　名：日本五针松

别　　　称：五钗松、日本五须松、五针松

拉　丁　名：*Pinus parviflora Sieb. et Zucc.*

科　　　属：松科　松属

植物类型：常绿针叶乔木

典型特征：叶5针一束，长3.6cm；树皮灰黑色，呈不规则鳞片状剥裂。

典型习性：阳性树种，花期3—5月，球果翌年10—11月，对海风抗性强，耐整形。

园林用途：优良的海岸园林景观树、点景树，盆景、桩景材料。

地理位置：华东沿海地区。

图 4.2.4　日本五针松

5. 雪松

雪松是世界著名的园林绿化树种，树体高大，树形优美，具有雪松秀丽、高洁、庄严地特点，寄予人生积极向上，不屈不挠；有长寿、好运之意，是南京、青岛、淮安等多城市的市树（图4.2.5）。

学　　　名：雪松

别　　　称：香柏、宝塔松、喜马拉雅杉

拉　丁　名：*Cedrus deodara*（*Roxb.*）*G. Don*

科　　　属：松科　松属

植物类型：常绿针叶大乔木

典型特征：叶针长 2.5～5cm，先端锐尖，螺旋状散生；树皮灰褐色，老时鳞片状剥落。

典型习性：阳性树种，树冠圆锥形，高可达 50～70m，对海风抗性强，耐整形。

园林用途：优良园林绿化景观树、点景树、行道树、背景树等。

地理位置：华中、华东。

图 4.2.5　雪松

6. 罗汉松

罗汉松是园林绿化的优良树种，树形古雅，夏、秋果实累累，神韵清雅挺拔，自有一股雄浑苍劲的傲人气势，有长寿、守财吉祥寓意，是庭院和高档住宅的首选绿化树种（图4.2.6）。

学　　名：罗汉松

别　　称：土杉、罗汉柏、罗汉杉

拉 丁 名：*Podocarpus macrophyllus*（*Thunb.*）*D. Don*

科　　属：罗汉松科　罗汉松属

植物类型：常绿乔木

典型特征：叶条状披针形，螺旋状排列，先端尖；树皮灰褐色，浅裂，呈薄片状脱落。

典型习性：半阳性树种，花期4—5月，果子8—11月，对污染气体抗性强，耐修剪。

园林用途：优良园林绿化景观树、庭院树、盆景材料等。

图4.2.6　罗汉松

地理位置：长江以南地区。

7. 侧柏

侧柏是我国应用最广泛的园林绿化树种之一，在中国文化史上有自己厚重的文化内涵，它能象征中华民族的古老历史，古代的人们把松柏称为百木之长，古柏作为活的文物，被人比作是坚强、伟大、忠心的象征，古代人在前门挂柏枝是为了驱鬼避邪；另侧柏具有肃静清幽的气质（图4.2.7）。

学　　名：侧柏

别　　称：扁桧、扁柏、香柏

拉 丁 名：*Platycladus orientalis*（*L.*）*Franco*

科　　属：柏科　侧柏属

植物类型：常绿乔木

典型特征：叶全为鳞片状，树皮薄，浅褐色，条片状纵裂。

典型习性：阳性树种，花期3—4月，果期9—10月，对污染气体抗性强，寿命长。

园林用途：优良园林绿化景观树、山地造林树种。

地理位置：黄河、淮河流域为主，全国均有分布。

图4.2.7　侧柏

8. 圆柏

圆柏是我国传统的园林树种，"清""奇""古""怪"各具幽趣，圆柏称桧，自古已然，其枝叶乍桧乍柏，一枝之间屡变，老干枯荣，寿高千古，且南北皆生，四海为家；这种顽强的生命力和岁寒无异心的特性造就了它高尚吉祥的象征（图4.2.8）。

学　　名：圆柏

别　　称：刺柏、桧柏、柏树、桧

拉 丁 名：*Sabina chinensis*（*Linn.*）*Ant.*

科　　属：柏科　圆柏属

植物类型：常绿乔木

典型特征：叶有两型，幼树全为刺形叶，3枚轮生；老树多为鳞形叶，交叉对生；壮龄树则刺形叶与鳞形叶并存；树皮灰褐色，呈浅纵条剥离，有时呈扭转状。

典型习性：半阳性树种，花期4月，果期翌年10—11月，对污染气体抗性强，寿命长，耐修剪。

园林用途：优良园林绿化背景树、行道树、绿篱、背阴树、盆景材料。

地理位置：华北、华东、华南地区。

图 4.2.8　圆柏

9. 龙柏

龙柏是公园绿篱绿化首选苗木，是圆柏的园艺变种，古典园林中将松柏的耐寒特性，比德于君子的坚强性格，更是指明精神自由像古柏女贞一样，是青翠不凋，长留天地间，龙柏即如此（图4.2.9）。

图 4.2.9　龙柏

学　　名：龙柏

别　　称：龙爪柏、爬地龙柏、匍地龙柏

拉 丁 名：*Sabina chinensis（L.）Ant. cv. Kaizuca*

科　　属：柏科　圆柏属　变种龙柏

植物类型：常绿乔木

典型特征：侧枝短环抱主干，稍扭曲斜上，形似龙抱柱，全为鳞形叶，果蓝黑色被白粉。

典型习性：半阳性树，较耐盐碱，对污染气体抗性强，对烟尘抗性较差；易整形耐修剪。

园林用途：优良园林绿化背景树、绿篱、背阴树、盆景材料。

地理位置：长江流域、淮河流域。

10. 池杉

池杉是观赏价值高的园林绿化树种，适生于水滨湿地条件，特别适合水边湿地成片栽植，孤植或丛植为园景树，在河边和低洼水网地区种植，是水网区防护林、放浪林的理想树种，亦可列植作道路的行道树（图4.2.3）。

学　　名：池杉

别　　称：池柏、沼落羽松

拉 丁 名：*Taxodium ascendens*

科　　属：杉科　落羽杉属

植物类型：落叶乔木

典型特征：树冠尖塔形，叶钻形枝上螺旋伸展，长0.5～1.0cm；树皮纵裂长条脱落，树干基部膨大。

典型习性：阳性树种，耐湿性强，抗风力强，喜酸性土壤。

园林用途：优良园林绿化行道树、防护林、湿地绿化、滨水绿化。

地理位置：长江南北地区。

图4.2.10　池杉

11. 柳杉

柳杉树姿秀丽，纤枝略垂，孤植、群植均极为美观，是一个良好的绿化和环保树种（图4.2.11）。

学　　名：柳杉

别　　称：长叶孔雀松

拉 丁 名：*Cryptomeria fortunei Hooibrenk ex Otto et Dietr*

科　　属：杉科　柳杉属

植物类型：常绿乔木

典型特征：树冠圆锥形，树皮赤棕色，纤维状长条片脱落；叶钻形，先端尖微向内弯曲。

典型习性：半阳性树种，抗风力弱，抗有毒气体强，花期4月，果10月。

园林用途：优良园林绿化景观树、防污染树种。

地理位置：长江流域以南地区。

图4.2.11　柳杉

12. 水杉

水杉是我国特产，本属仅1种，第四纪冰川期后的孑遗植物，是世界上珍稀的孑遗植物，属于德高望重的"活化石"，水杉是国家一级保护树种，为武汉市树（图4.2.12）。

学　　名：水杉

别　　称：梳子杉

拉 丁 名：*Metasequoia glyptostroboides Hu et Cheng.*

科　　属：杉科　水杉属

植物类型：落叶乔木

典型特征：树冠塔形，树皮灰褐色，长条片状脱落，树干基部常膨大，叶线形，交互对生，羽状复叶，长1~1.7cm。

典型习性：阳性树种，稍抗寒，较耐盐碱，对有毒气体抗性弱；浅根慢生。

园林用途：优良园林绿化景观树、行道树、沿海防护林、滨水池畔景观树。

地理位置：华东、华南地区。

图4.2.12　水杉

13. 红豆杉

红豆杉被我国定为一级珍稀濒危保护植物，同时被全世界42个有红豆杉的国家称为"国宝"，联合国也明令禁止采伐，是名符其实的"植物大熊猫"。世界上公认濒临灭绝的天然珍稀抗癌植物，是经过了第四纪冰川遗留下来的古老孑遗树种，在地球上已有250万年的历史（图4.2.13）。

学　　名：红豆杉

别　　称：扁柏、红豆树、紫杉

拉 丁 名：*Taxus chinensis*（*Pilger*）*Rehd.*

科　　属：红豆杉科　红豆杉属

植物类型：常绿乔木

典型特征：树皮灰褐色，裂成条片脱落，镰刀形叶子，螺旋状互生，基部扭转为二列，条形略微弯曲；雌雄异株，种子扁卵圆形红色。

典型习性：阴性树种，耐旱，抗寒，喜砂质土壤，生长缓慢。

园林用途：优良园林绿化景观树、绿篱、高纬度地区园林绿化的良好材料。

地理位置：南北地区具有分布，有南方红豆杉和东北红豆杉之分。

图 4.2.13　红豆杉

14. 杉木

杉木树干端直，树冠参差，极为壮观，是很好的木材，可惜浑身刺枝让人望而却步，在景观树种的选择中略逊色（图 4.2.14）。

学　　名：杉木

别　　称：沙木、刺杉

拉 丁 名：*Cunninghamia lanceolata*（*Lamb.*）*Hook.*

科　　属：杉科　杉木属

植物类型：常绿乔木

典型特征：树冠广圆锥形；树皮褐色，长条片状脱落，叶条状披针形，镰状微弯、革质、坚硬。

典型习性：阳性树种，怕风、旱、寒、盐碱，浅根性，速生；花期4月，球果10月。

园林用途：优良风景林、山谷、溪边、林缘等绿化树种。

图 4.2.14　杉木

地理位置：秦岭、淮河以南各地区。

4.3 阔叶乔木

1. 广玉兰

广玉兰花大香、树姿雄伟、寿命长，象征着生生不息、世代相传，花语有美丽、高洁、芬芳、纯洁之意，为荆州市的市花，常州、镇江、昆山市树，广玉兰是木兰科大家族中的一员，它与白玉兰、二乔玉兰、紫玉兰等有密切的关系，但又有本质区别（图4.3.1）。

学　　名：广玉兰

别　　称：大花玉兰、荷花玉兰、洋玉兰

拉丁名：*Magnolia grandiflora L.*

科　　属：木兰科　木兰属

植物类型：常绿阔叶乔木

典型特征：树冠阔圆锥形，单叶，厚革质，叶背有铁锈色柔毛；花白色，径达20.25cm。

典型习性：弱阳性树种，有一定的耐寒力，对烟尘有毒气体抗性强、抗风强；花期5—8月，果10月。

园林用途：珍贵园林树种，园景树、行道树、庭荫树。

地理位置：长江流域及以南地区。

图4.3.1　广玉兰

2. 白玉兰

白玉兰花洁白如玉，晶莹皎洁，为我国珍贵花木，古时常在住宅的厅前院后配植，名为"玉兰堂"，在庭院里与西府海棠、迎春、牡丹、桂花配植，象征"玉堂春富贵"；是上海市、东莞市、潮州市市花（图4.3.2）。

学　　名：白玉兰

别　　称：玉兰、望春花、玉兰花

拉丁名：*Michelia alba DC.*

科　　属：木兰科　木兰属

植物类型：落叶阔叶乔木

典型特征：白玉兰冬芽大，密生灰绿绒毛，单叶互生，纸质，花白色，早春叶前开放，聚合蓇葖果，种皮鲜红色。

典型习性：阳性树种，喜光，生长慢，对污染和有毒气体抗性强；花期2—3月；果期9—10月。

园林用途：珍贵园林树种，园景树、行道树、庭荫树。

地理位置：长江流域及以南地区。

图 4.3.2　白玉兰

3. 二乔玉兰

二乔玉兰是白玉兰和紫玉兰的杂交品种，观赏价值很高，是城市绿化的极好花木，花大而艳，花开时一树锦绣，馨香满园，花朵紫中带白，白中又透出些许紫红，显得格外娇，因三国时期的大乔、小乔皆有倾国之色，故世人用"二乔"形容此花的娇艳出众（图 4.3.3）。

学　　　名：二乔玉兰

别　　　称：朱砂玉兰、紫砂玉兰

拉　丁　名：*Magnolia soulangeana*（*Lindl.*）*Soul. Bod.*

科　　　属：木兰科　木兰属

植物类型：落叶阔叶乔木

典型特征：单叶互生，卵状长椭圆形，花大呈钟状，内面白色，外淡紫条，花叶前开放。

典型习性：阳性树种，生长慢，对污染和有毒气体抗性强；花期4月；果期9—10月。

园林用途：珍贵园林树种，园景树、行道树、庭荫树。

地理位置：长江流域及以南地区。

图 4.3.3　二乔玉兰

4. 紫玉兰

紫玉兰树形婀娜，枝繁花茂，紫玉兰又"辛夷"，寓意深刻，古人把它作为珍贵的装饰品和男女之间的信物，又紫玉兰花开紫气东来，寓意富贵祥和，花蕾形状像是立着的毛笔头，所以也叫"木笔"，有文人赞其才华之寓意（图 4.3.4）。

学　　　名：紫玉兰

别　　称：辛夷、木笔、望春、女郎花

拉 丁 名：*Magnolia liliflora*

科　　属：木兰科　木兰属

植物类型：落叶阔叶小乔木

典型特征：单叶互生，顶芽卵形，被淡黄色绢毛，花大呈钟状，内面白色，外面紫色，花叶同放。

典型习性：阳性树种，不耐积水、干旱、盐碱，对污染和有毒气体抗性强；花期3—4月；果期9—10月。

园林用途：珍贵园林树种，园景树、行道树、庭荫树。

地理位置：长江流域及以南地区。

图 4.3.4　紫玉兰

5. 鹅掌楸

鹅掌楸叶形奇特，秋叶金黄，树形端正挺拔，是世界珍贵树种之一，鹅掌楸为古老的遗植物，国家二级保护植物，现仅残存鹅掌楸和北美鹅掌楸两种，因其花形酷似郁金香，故被称为"中国的郁金香树"（图 4.3.5）。

学　　名：鹅掌楸

别　　称：马褂木，双飘树

拉 丁 名：*Liriodendron chinensis*（Hemsl.）*Sarg*

科　　属：木兰科　鹅掌楸属

图 4.3.5　鹅掌楸

植物类型：落叶阔叶乔木

典型特征：树冠圆锥形，叶形如"马褂"，花杯状淡黄色，形如郁金香，聚合果纺锤形。

典型习性：阳性树种，耐寒，喜酸性土壤，速生，对病虫害抗性极强，对污染和有毒气体抗性强；花期5—6月，果期9—10月。

园林用途：珍贵园林树种，园景树、行道树、庭荫树、工矿区绿化树种。

地理位置：长江流域及以南地区。

6. 香樟

香樟是城市绿化的优良树种，在江南民间樟树寓意着吉祥如意、长寿、辟邪，把樟树当作风水树。樟树有着"樟树娘娘"之说，这是一种传统的信仰，希望自己的儿女像樟树一样长寿，江南一些地方生女儿后种植一株香樟以便以后女儿嫁出去用来制作嫁妆之用。香樟同时也有被称为"幸福树""和谐树"的传说（图4.3.6）。

学　　名：香樟

别　　称：樟树、本樟、鸟樟

拉　丁　名：*Cinnamomum camphora*

科　　属：樟科　樟属

植物类型：常绿阔叶乔木

典型特征：树冠广卵形，树皮幼时绿色老时灰褐色，叶互生，叶缘波浪形翘起，枝叶有香气，球果熟时紫黑色。

典型习性：阳性树种，主根发达能抗风，寿命长，抗有毒气体能力强，花期5—6月，果期9—10月。

园林用途：珍贵园林绿化树种，园景树、行道树、庭荫树。

地理位置：长江流域及以南地区。

图4.3.6　香樟

7. 蚊母树

蚊母树叶子很容易受某类昆虫寄生产卵而形成"虫瘿"，也就是物体受害虫或真菌的侵害而形成的瘤状物，幼虫羽化后飞向天空，让人误认为是蚊母树招蚊子，这也是蚊母树名字的由来（图4.3.7）。

学　　名：蚊母树

别　　称：米心树　蚊母　蚊子树

拉　丁　名：*Distylium racemosum Sieb. et Zucc.*

科　　属：金缕梅科　蚊母树属

植物类型：常绿阔叶小乔木或灌木

典型特征：小枝略呈"之"字形曲折，单叶互生，叶先端稍圆，全缘、厚革质；总状花序，花药红色，蒴果卵形，顶端有 2 宿存花柱。

典型习性：半阳性树种，萌芽力强耐修剪，对有毒污染气体抗性强，防尘隔音效果好，花期 4 月，果期 9 月。

园林用途：珍贵园林绿化树种，绿篱、防护林、造型材料。

地理位置：长江流域及以南地区。

图 4.3.7 蚊母树

8. 桂花

桂花在古典厅前多采用两株对称栽植，古称"双桂当庭"或"双桂留芳"，也常把玉兰、海棠、牡丹、桂花四种传统名花同植庭前，以取玉、堂、富、贵之谐音，喻吉祥之意（图 4.3.8）。

学　　名：	桂花
别　　称：	木犀、岩桂
拉 丁 名：	*Osmanthus fragrans*（*Thunb.*）*Lour.*
科　　属：	木犀科　木犀属
植物类型：	常绿灌木或小乔木

典型特征：树冠椭圆形；树皮粗糙灰褐色，单叶对生，革质，花小，浓香，核果椭圆形，熟时紫黑色。

典型习性：半阳性树种，萌发力强，寿命长，对有毒气体抗性强，花期 9—10 月，果期翌年 4—5 月。

园林用途：珍贵园林绿化树种，园景树、庭荫树。

地理位置：淮河流域及以南地区。

图 4.3.8 桂花

9. 枇杷

枇杷树一身宝，叶和花可入药，丰收季节满树黄金果，象征殷实富足，每一果实内含一至数颗坚核，又象征子嗣昌盛之寓意（图4.3.9）。

学　　　名：枇杷

别　　　称：卢橘、无忧扇、金丸

拉　丁　名：*Eribotrya japonica（Thunb.）Lindl.*

科　　　属：蔷薇科　枇杷属

植物类型：常绿小乔木

典型特征：树冠圆形；单叶互生，长椭圆形，先端尖，表面多皱有光泽，花期10—12月，花白色；梨果近球形，橙黄色，翌年5—6月成熟。

典型习性：半阳性树种，抗二氧化硫及烟尘能力强，深根性，生长慢，寿命长。

园林用途：珍贵园林绿化树种，庭荫树、观景树、果树。

地理位置：长江流域及以南。

图4.3.9　枇杷

10. 女贞

女贞凌寒不凋、四季常青，枝叶青碧的自然特征，抒发文人的自傲精神，花语：生命（图4.3.10）。

学　　　名：女贞

别　　　称：白蜡树、冬青、将军树

拉　丁　名：*Ligustrum lucidum Ait.*

科　　　属：木犀科　女贞属

植物类型：常绿乔木

典型特征：树冠倒卵形；树皮灰色平滑，叶革质，花期6—7月，圆锥花序顶生，白花小；果期11—12月，紫黑色浆果。

典型习性：半阳性树种，对有害气体抗性强，生长快，萌芽力强，耐修剪。

园林用途：珍贵观赏树种，行道树、绿篱，背景树、庭荫树等。

地理位置：长江流域及以南地区。

图 4.3.10 女贞

11. 棕榈

棕榈成为热带风光的标志，特别是华中地区（图 4.3.11）。

学　　名：棕榈

别　　称：棕树、山棕

拉 丁 名：*Trachycarpus fortunei*（*Hook*.）. *H. Wendl*

科　　属：棕榈科　棕榈属

植物类型：常绿乔木

典型特征：树干圆柱形，直立，被暗棕色的叶鞘纤维包裹；叶簇生于干顶，扇形或近圆形，深裂，花期4—5月，花小黄色；果期10—11月。

典型习性：半阳性树种，对有毒气体有很强的吸收能力，浅根系，生长缓慢。

园林用途：优良绿化树种，常做点景树。

地理位置：长江流域以南地区。

图 4.3.11 棕榈

12. 枫杨

枫杨树形高大优美，果实像一串串元宝串，有财源茂盛家财万贯之意（图 4.3.12）。

学　　名：枫杨

别　　称：枰柳、燕子树、蜈蚣柳

拉 丁 名：*Pterocarya stenoptera C. DC.*

科　　属：胡桃科　枫杨属

植物类型：落叶乔木

典型特征：树冠广卵形，奇数羽状复叶，花期4—5月，果期8—9月，果具2椭圆状披针形果翅，果序下垂。

典型习性：阳性树种，对有毒气体抗性强，深根性，萌芽力强。

园林用途：优良绿化树种，行道树、景观树、庭荫树、背景树等。

地理位置：华北、华中、华南和西南各省。

图 4.3.12　枫杨

13. 栾树

栾树虽落叶早、发芽晚，但它的景观价值高，夏季满树金黄，有摇钱树之称，秋季满树橘红色果子如绚丽多彩的灯笼，有灯笼树之称（图4.3.13）。

学　　名：栾树

别　　称：灯笼树、摇钱树、大夫树

拉　丁　名：*Koelreuteria paniculata Laxm.*

科　　属：无患子科　栾树属

植物类型：落叶乔木

典型特征：树冠近球形，树皮灰褐色，奇数羽状复叶，互生，花期6—7月，花小金黄色；果期9—10月，蒴果三角状卵形，红褐色或橘红色。

典型习性：阳性树种，有较强的抗烟尘能力。

园林用途：优良城市景观树、行道树、庭荫树等。

地理位置：华北，华东、华南。

14. 银杏

银杏是我国特产的名贵树种，世界著名的古生树种；银杏树又名白果树，生长较慢，寿命极长，自然条件下从栽种到结银杏果要20多年，40年后才能大量结果，因此别名"公孙树"，有"公种而孙得食"的含义，是树中的老寿星，古称"白果"（图4.3.14）。

学　　名：银杏

别　　称：白果树、公孙树

拉　丁　名：*Ginkgo biloba L.*

科　　属：银杏科　银杏属

植物类型：落叶乔木

图 4.3.13 栾树

典型特征：树干端直，树皮浅灰褐色；叶扇形，在短枝上簇生，花期 4—5 月，果期 9—10 月，雌雄异株，成熟时黄色，表面被白粉。

典型习性：阳性树种，寿命极长，抗烟尘、抗火灾、抗有毒气体。

园林用途：著名的观秋叶树种，可作行道树、庭荫树、景观树、风景林、秋叶观赏树。

地理位置：我国特有种，全国各地均有栽培。

图 4.3.14 银杏

15. 五角枫

五角枫的秋叶变亮黄色或红色，在堤岸，湖边，草地及建筑附近配植皆雅致（图 4.3.15）。

学　　名：五角枫

别　　称：色木槭

拉 丁 名：*Acer mono Maxim.*

科　　属：槭树科　槭属

植物类型：落叶乔木

典型特征：树皮灰褐色，单叶，掌状 5 裂，裂深达叶片中部，有时 3 裂或 7 裂，全缘；花期 4—5

月，果期9—10月。

典型习性：半阳性树种，深根性，对环境适应性强，移植易成活。

园林用途：庭荫树、行道树及风景林树种。

地理位置：东北、华北及长江流域。

图4.3.15　五角枫

16. 三角枫

三角枫是良好的秋色叶树种，宜孤植、丛植作庭荫树，也可作行道树及护岸树，在湖岸、溪边、谷地、草坪配植，或点缀于亭廊、山石间等，三角枫易整形做盆景（图4.3.16）。

学　　名：三角枫

别　　称：三角槭

拉 丁 名：*Acer buergerianum Miq.*

科　　属：槭树科　槭属

植物类型：落叶乔木

典型特征：树皮灰黄色，叶3浅裂，夹角小于90°，花期4月，黄绿色，果期9月，两翅张开成锐角。

典型习性：半阳性树种，寿命长，抗二氧化硫能力强。

园林用途：良好的秋色叶树种；作行道树、庭荫树等。

地理位置：华中、华东、西南地区。

17. 鸡爪槭

鸡爪槭是名贵的观赏树，可以营造"万绿丛中一点红"景观，植于山麓、池畔、以显其潇洒、婆娑的绰约风姿；配以山石，则具古雅之趣，植于花坛中作主景树，植于园门两侧，建筑物角隅，装点风景（图4.3.17）。

学　　名：鸡爪槭

别　　称：鸡爪枫、槭树

拉 丁 名：*Acer palmatum Thunb.*

科　　属：槭树科　槭属

植物类型：落叶小乔木

图 4.3.16　三角枫

典型特征：树冠伞形，单叶对生，5～9掌状深裂，基部心形，花期5月，果期10月，翅果棕红色，两翅成钝角。

典型习性：弱阴性树种。

园林用途：名贵的观赏树种。

地理位置：华东、华中各地。

图 4.3.17　鸡爪槭

18. 红枫

红枫老而尤红，象征不畏艰难困苦（图4.3.18）。

学　　名：红枫

别　　称：紫红鸡爪槭、红叶

拉 丁 名：*Acer palmatum Thunb f.*

图 4.3.18　红枫

科　　属：槭树科　槭属 鸡爪槭变种

植物类型：落叶小乔木

典型特征：叶掌状，5～7深裂纹，春、秋季叶红色，夏季叶紫红色；花期4—5月，果期10月，翅果，翅长2.3cm，两翅间成钝角。

典型习性：半阳性树种，较耐寒，稍耐旱，不耐涝。

园林用途：名贵的观叶点景树种。

地理位置：长江流域。

19. 青枫

青枫树形优美，植于草坪、土丘、溪边、池畔和路隅、墙边、亭廊、山石间点缀，均十分得体（图4.3.19）。

学　　名：青枫

别　　称：鸡爪枫，槭树

拉 丁 名：*Acer palmatum*

科　　属：槭树科　槭属　鸡爪槭变种

植物类型：落叶小乔木

典型特征：树冠伞形；树皮平滑，叶掌状，常7深裂，后叶开花；花果期5—9月，花紫色，伞房花序，幼果紫红色。

典型习性：半阳性树种，较耐寒，稍耐旱，不耐涝。

园林用途：名贵的观叶点景树种。

地理位置：长江流域及以南地区。

图 4.3.19　青枫

20. 羽毛枫

羽毛枫树形优美雅致，适宜庭院绿地、草坪、林缘、亭台假山、门厅入口、宅旁路隅以及池畔均可栽植，园林造景中不可缺少的观赏树种（图4.3.20）。

学　　名：羽毛枫

别　　称：细叶鸡爪槭，塔枫

拉 丁 名：*Acer palmatum cv. Dissectum*

科　　属：槭树科　槭属　鸡爪槭变种

植物类型：落叶小乔木或灌木

典型特征：树冠开展，枝略下垂，叶色由艳丽转淡紫色转暗绿色；叶片掌状深裂达基部，裂片狭羽毛状，有皱纹，入秋逐渐转红。

典型习性：半阳性树种，较耐寒，稍耐旱，不耐涝。

园林用途：名贵的观叶点景树种。

地理位置：河南至长江流域。

图 4.3.20　羽毛枫

21. 黄栌

黄栌花后久留不落的不孕花花梗呈粉红色羽毛状，在枝头形成似云似雾的景观，远远望去，宛如万缕罗纱缭绕树间，历来被文人墨客比作"叠翠烟罗寻旧梦"和"雾中之花"，故黄栌又有"烟树"之称（图 4.3.21）。

学　　名：黄栌

别　　称：红叶、黄溜子、黄栌材

拉 丁 名：*Cotinus coggygria Scop.*

科　　属：漆树科　黄栌属

植物类型：落叶小乔木或灌木。

典型特征：树冠卵圆形，树皮深灰褐色，单叶互生，宽卵形先端圆或微凹，花期 4—5 月，果期 6—8 月，核果小扁肾形。

典型习性：半阳性树种，对有毒的气体有较强的抗性，秋季叶色变红。

园林用途：名贵的观赏红叶树种。

地理位置：华北、华东各地。

图 4.3.21　黄栌

22. 乌桕

乌桕以乌喜食而得名，俗名木梓树，叶落籽出，露出串串"珍珠"，籽实初青，成熟时变黑，外壳自行炸裂剥落，露出葡萄大、白色籽实，这就是木梓树（图 4.3.22）。

学　　名：乌桕

别　　称：腊子树、木梓树

拉 丁 名：*Sapium sebiferum（L.）Roxb.*

科　　属：大戟科　乌桕属

植物类型：落叶乔木

典型特征：树冠近球形，树皮暗灰色，单叶互生，花期 5—7 月，果期 10—11 月，蒴果熟时黑色，果皮 3 裂。

典型习性：阳性树种，对土壤要求不严，对有毒气体抗性强，抗风力强，耐水湿，寿命较长。

园林用途：护堤树、庭荫树，行道树，背景树。

地理位置：黄河以南各省。

图 4.3.22　乌桕

23. 重阳木

重阳木树姿优美，秋叶转红，良好的庭荫树和行道树种，用于堤岸、溪边、湖畔和草坪周围作为点缀树种（图 4.3.23）。

学　　名：重阳木

别　　称：朱树

图 4.3.23　重阳木

拉　丁　名：*Bischofia polycarpa Airy. Shaw.*

科　　　属：大戟科　重阳木属

植物类型：落叶乔木

典型特征：树冠伞形，树皮褐色，羽状三出复叶，花期4—5月，果期8—10月，熟时红褐色至棕黑色。

典型习性：阳性树种，根系发达，抗风力强，寿命长，对有毒气体有一定抗性。

园林用途：行道树、庭荫树、背景树等。

地理位置：华中、华东、华南。

24. 杜英

杜英每年秋冬至早春一部分老叶在凋落之前变成红色，无花胜有花，颇有"红花绿叶春常在"之感，从不张扬，低头深藏美丽，文人雅士为杜英起了一个雅号，叫丹青树，岳阳市树（图4.3.24）。

学　　　名：杜英

别　　　称：野橄榄、胆八树、假杨梅

拉　丁　名：*Elaeocarpus sylvestris（Lour.）Poir.*

科　　　属：杜英科　杜英属

植物类型：常绿乔木

典型特征：单叶互生，倒卵状披针形，长4.8cm，叶缘有钝锯齿，绿叶中常存有鲜红的老叶；花期6—8月，果期10—12月。

典型习性：阳性树种，抗二氧化硫，根系发达，萌芽力强，耐修剪。

园林用途：庭荫树、行道树、背景树。

地理位置：长江流域以南地区。

图 4.3.24　杜英

25. 杜仲

中国的杜仲是杜仲科杜仲属仅存的孑遗植物，本科仅1属1种，是中国名贵的滋补药材（图4.3.25）。

学　　　名：杜仲

别　　　称：丝绵树、丝绵木

拉　丁　名：*Eucommia ulmoides Oliv.*

科　　　属：杜仲科　杜仲属

植物类型：落叶乔木

典型特征：树冠卵形，枝、叶、树皮、果实内均有白色胶丝，花期3—4月，常先叶开放；果期9—10月，翅果长椭圆形。

典型习性：阳性树种，对气候土壤适应能力强，深根性，萌芽力强。

园林用途：庭荫树、行道树。

地理位置：华东、华中、华南、西北、西南各地区。

图 4.3.25　杜仲

26. 榉树

榉树是国家二级重点保护植物，榉树其名同"举"谐音，古人常栽植于房前屋后，取"中举"之意的习俗，此外，榉树适应强、寿命长达千年，叶缘锯齿似"寿桃"，因此有健康长寿之意（图4.3.26）。

学　　名：榉树

别　　称：大叶榉、血榉、金丝榔

拉 丁 名：*Zelkova schneideriana Hand. Mazz.*

科　　属：榆科　榉属

植物类型：落叶乔木

典型特征：树冠倒卵状伞形；单叶互生，叶椭圆状披针形，花期3—4月，花杂性同株，果期10—11月，坚果卵圆形。

典型习性：阳性树种，抗病虫害能力强，深根性，抗风力强，生长慢，寿命较长。

园林用途：优良的秋季观叶树，可作行道树、造林植、"四旁"绿化、造林。

地理位置：淮河及以南至华南、西南各省区。

图 4.3.26　榉树

27. 梧桐

中国古代传说凤凰"非梧桐不栖"，素有"梧桐栖凤"之说，由于古人常把梧桐和凤凰联系在一起，所以今人常说："栽下梧桐树，自有凤凰来"，而且梧桐是祥瑞的象征（图4.3.27），因此在以前的殷实之家，常在院子里栽种梧桐。

学　　名：梧桐

别　　称：青桐、青皮梧桐

拉 丁 名：*Firmiana platanifolia*

科　　属：梧桐科　梧桐属

植物类型：落叶乔木

典型特征：树冠卵圆形；树皮灰绿色平滑；花期6—7月，黄绿色，果期9—10月。

典型习性：阳性树种，生长快，寿命长，能活百年以上，对有毒气体抗性强。

园林用途：著名的观赏树种，优美的庭荫树和行道树。

地理位置：长江南北及黄河以南各省均有分布。

图 4.3.27　梧桐

28. 小叶朴

小叶朴成熟的果子紫黑色，因此有黑弹朴之别称（图4.3.28）。

图 4.3.28　小叶朴

学　　　名：小叶朴

别　　　称：黑弹朴

拉　丁　名：*Celtis bungeana Bl.*

科　　　属：榆科　朴属

植物类型：落叶乔木

典型特征：树冠倒广卵形至扁球形；树皮灰褐色，平滑，花期 4—5 月，果期 9—10 月，核果近球形紫黑色。

典型习性：阳性树种，生长慢寿命长，对病虫害、烟尘污染等抗性强。

园林用途：庭荫树、行道树、厂区绿化树种。

地理位置：华北至长江流域及四川、云南地区。

29. 杜梨

古书用"杜"字表示"关闭、堵塞"意思，"杜"字的这一用法确切涵义实质就是"关门"；杜梨的枝刺，刺伤性很强，足以刺透兽皮。过去的人们把杜梨的刺树枝堆放在存放柴草的院门口代替门，防止野兽进入，因此杜梨指可以用来堵塞门洞的树木（图 4.3.29）。

学　　　名：杜梨

别　　　称：棠梨、土梨

拉　丁　名：*Pyrus betulifolia Bunge*

科　　　属：蔷薇科　梨属

植物类型：落叶乔木

典型特征：树冠卵圆形，枝具刺，叶菱状卵型，幼叶上下两面均密被灰白色绒毛，花期 4 月，花瓣白色，果期 8—9 月。

典型习性：阳性树种，耐瘠薄，在中性土及盐碱土中均能正常生长。

园林用途：可作防护林，水土保持林，点景树、背景树。

地理位置：华北、西北、长江中下游及东北南部地区。

图 4.3.29　杜梨

30. 垂丝海棠

据明代《群芳谱》记载：海棠有四品，分别是西府海棠、垂丝海棠、木瓜海棠和贴梗海棠，垂丝海棠柔蔓迎风，垂英袅袅，其姿色妖态更胜桃、李、杏（图 4.3.30）。

学　　　名：垂丝海棠

别　　　称：海棠花

拉 丁 名：*Malus halliana*（Voss.）Koehne.

科　　　属：蔷薇科　苹果属

植物类型：落叶小乔木

典型特征：树冠疏散开展，花期3—4月，伞形花序4～7朵簇生于小枝顶端，玫红色，花梗细长下垂，果期9—10月。

典型习性：阳性树种，微酸或微碱性土壤均可成长。

园林用途：著名庭院观赏树种，庭院树、点景树。

地理位置：长江流域及以南地区。

图 4.3.30　垂丝海棠

31. 紫叶李

紫叶李借"李"字含义，有时为了烘托教育环境的特点，颂扬教师的兢兢业业、无私奉献的精神，运用碧桃、紫叶李等作为主要绿化树种，以寓意"桃李满天下"之意（图 4.3.31）。

学　　　名：紫叶李

别　　　称：红叶李、樱桃李

拉 丁 名：*Prunus cerasifera f. atropurpurea Jacq.*

科　　　属：蔷薇科　李属

植物类型：落叶小乔木

图 4.3.31　紫叶李

典型特征：干皮紫灰色，小枝光滑紫红色，叶片、花柄、花萼、雄蕊都呈紫红色，花期4—5月，淡粉红色，果期6—7月，暗红色。

典型习性：阳性树种，喜欢肥沃、深厚、排水良好的黏质中性、酸性土壤，不耐碱，浅根性，萌蘖性强。

园林用途：著名观叶树种，点景树、庭荫树、背景树。

地理位置：华北及其以南地区。

32. 李子

古语中有"桃养人，杏伤人，李子树下埋死人"之说，言李不可多食，否则损伤脾胃（图4.3.32）。

学　　　名：李子

别　　　称：嘉庆子、布霖、山李子

拉 丁 名：*Prunus salicina Lindl.*

科　　　属：蔷薇科　梅属

植物类型：落叶乔木

典型特征：树冠广圆形，树皮灰褐色；叶片长圆倒卵形，花期4月，花瓣白色，通常3朵并生，果期7—8月，核果球形，外被蜡粉。

典型习性：阳性树种，不论何种土质都可以栽种，但极不耐积水。

园林用途：园林中结合生产水果园种植。

地理位置：北至辽宁南至广东等。

图 4.3.32　李子

33. 木瓜

在我国古代，木瓜树也是庭院避邪之树，又称"降龙木"（图4.3.33）。

学　　　名：木瓜

别　　　称：木梨

拉 丁 名：*Chaenomeles sinensis（Thouin）Koehne.*

科　　　属：蔷薇科　木瓜属

植物类型：落叶小乔木

典型特征：树皮灰色，片状剥落，花期4月，红色或白色，果期9—10月，梨果如瓜，长椭圆形，木质，成熟时金黄芳香。

典型习性：阳性树种，可适应任何土壤栽培。

园林用途：良好的庭荫树、点景树。

地理位置：华东、华中地区。

图 4.3.33 木瓜

34. 梨树

"梨"谐音"离"，因此有不分梨（离）的民俗意境，同时也有人不喜在庭院中栽植梨树，称有不吉祥之意（图 4.3.34）。

学　　名：梨树

别　　称：梨

拉　丁　名：*pirus*，*i*，*f.*

科　　属：蔷薇科　梨属

植物类型：落叶小乔木

典型特征：树皮幼树期光滑，老树皮变粗纵裂或剥落，花期 3 月，为伞房花序，两性花；果实因品种不同，颜色形状也各不同。

典型习性：阳性树种，以土层深厚疏松，透水和保水性能好，地下水位低的沙质壤土最为适宜。

园林用途：园林中结合生产水果园种植。

地理位置：长江流域以南地区及淮河流域一带。

图 4.3.34 梨树

35. 苹果树

苹果树硕果累累，是丰收的象征，有吉祥寓意（图4.3.35）。

学　　名：苹果树

别　　称：苹果

拉 丁 名：*Malus pumila Mill.*

科　　属：蔷薇科　苹果属

植物类型：落叶小乔木

典型特征：树干呈灰褐色，树皮有一定程度的脱落，花期4—5月，含苞未放时带粉红色，后白色，果期7—10月。

典型习性：阳性树种，以土层深厚疏松，透水和保水性能好，地下水位低的沙质壤土最为适宜。

园林用途：园林中可以营造百果园。

地理位置：我国华北、华中、华南均有栽培。

图4.3.35　苹果树

36. 山楂

由于过去欧洲人认为山楂花可以阻挡恶魔和邪恶的魔术，山楂往往被种在院子和田野的边上作为屏障（图4.3.36）。

图4.3.36　山楂

学　　　名：山楂

别　　　称：山里果

拉　丁　名：*Crataeguss pinnatifida Bunge.*

科　　　属：蔷薇科　山楂属

植物类型：落叶小乔木

典型特征：枝密生，有细刺；单叶互生，托叶大而有齿；花期5—6月，花白色；果期9—10月，梨果球形红色，有白色皮孔。

典型习性：半阳性树种。在湿润肥沃的砂质壤土中生长最好，根系发达，萌芽力强。

园林用途：是观花、观果和园林结合生产的良好绿化树种，可作庭荫树和园路树。

地理位置：分布于我国东北、华北、西北及长江中下游各地。

37. 柿树

春节吃柿子意指"事事如意"（图4.3.37）。

学　　　名：柿树

别　　　称：朱果、猴枣

拉　丁　名：*Diospyros kaki L. f.*

科　　　属：柿科　柿属

植物类型：落叶乔木

典型特征：树冠球形或圆锥形；树皮灰黑色，花期5—6月，花钟状黄白色，果期9—10月，扁球形，熟时橙黄色。

典型习性：阳性树种。对有毒气体抗性较强；根系发达，寿命长，300年生的古树还能结果。

园林用途：观叶、观果和园林结合生产的重要树种。可用于厂矿绿化，也是优良的风景树。地理位置：自长城以南至长江流域以北各地均有栽培。

图4.3.37　柿树

38. 桃树

在传统文化中，桃是一个多义的象征体系，桃蕴含着图腾崇拜、生殖崇拜的原始信仰，有着生育、吉祥、长寿的民俗象征意义，桃花象征着春天、爱情、美颜与理想世界；枝木用于驱邪求吉，在民间巫术信仰中源自于万物有灵观念；桃果融入了中国的神话中，隐含着长寿、健康、生育的寓意。桃树的花叶、枝木、子果都烛照着民俗文化的光芒（图 4.3.38）。

学　　名：桃树

别　　称：桃花

拉 丁 名：*Amygdalus persica L.*

科　　属：蔷薇科　李属

植物类型：落叶小乔木

典型特征：高 3～8m；单叶互生，叶长椭圆状披针形，花期 3—4 月，先叶开放，粉红色；果期 8—9 月，核果卵球形，表面密生绒毛。

典型习性：阳性树种。喜肥沃而排水良好的土壤，不耐水湿，碱性土及黏重土均不适宜。

园林用途：园林中重要的春季花木。

地理位置：华东、华中地区。

图 4.3.38　桃树

39. 紫叶桃

紫叶桃生长速度快，花色鲜艳，具有极高的观赏价值，园林中可用于山坡、水畔、石旁、墙际、庭院、草坪边栽植（图 4.3.39）。

学　　名：紫叶桃

别　　称：红叶碧桃，紫叶碧桃

拉 丁 名：*Prunus persica* 'Atropurpurea'

图 4.3.39　紫叶桃

科 属：蔷薇科 李属 桃树的变种

植物类型：落叶小乔木

典型特征：株高3～5m，树皮灰褐色，幼叶鲜红色；花期3—4月，先花后叶，重瓣、桃红色；核果球形，果皮有短茸毛。

典型习性：阳性树种。喜排水良好的土壤，耐旱怕涝，喜富含腐殖质的砂壤土及壤土。

园林用途：园林中重要的观赏树种。

地理位置：分布于我国西北、华北、华东、西南等地。

40. 碧桃

碧桃花瓣重重叠叠，色泽清新美丽，有浪漫之意，也有赞人高雅素洁之意（图4.3.40）。

学 名：碧桃

别 称：千叶桃花

拉 丁 名：*Amygdalus persica var. persica f. duplex*

科 属：蔷薇科 李属 桃树的变种

植物类型：落叶乔木

典型特征：高3～8m，树皮暗红褐色，叶片长圆披针形，绿色，花期3—4月，花单生，重瓣花和半重瓣花，先叶开放，有红色、白色、绿色、红白相间等。

典型习性：阳性树种。能在－25℃的自然环境安然越冬。

园林用途：园林中重要的观赏树种。

地理位置：分布在西北、华北、华东、西南等地。

图4.3.40 碧桃

41. 杏

杏树原产于中国新疆，是中国最古老的栽培果树之一（图4.3.41）。

学 名：杏

别 称：杏花、杏树、北梅

拉 丁 名：*Prunus armeniaca L.*

科 属：蔷薇科 李属

植物类型：落叶乔木

典型特征：高达10m；树皮黑褐色，单叶互生，叶柄红色；花期3—4月，先叶开放，白色至淡粉红色；果期6月，果球形杏黄色。

典型习性：阳性树种。喜土层深厚、排水良好的砂壤土或砾壤土。

园林用途：园林中重要的观赏树种。

地理位置：分布于秦岭至淮河以北、东北各省。

图 4.3.41　杏

42. 日本晚樱

日本晚樱的花语是"转瞬即逝的爱"（图 4.3.42）。

学　　名：日本晚樱

别　　称：重瓣樱花

拉　丁　名：*Cerasus serrulata var. lannesiana（Carr.）Makino*

科　　属：蔷薇科　樱属

植物类型：落叶乔木

典型特征：树皮呈灰色，有唇形皮孔；花期 4—5 月，白色或粉红色，单瓣或重瓣，3～5 朵排成伞房花序，常下垂；果期 6—7 月，核果球形紫黑色。

典型习性：阳性树种。对有害气体抗性差，浅根性树种，喜深厚肥沃而排水良好的土壤。

园林用途：园林中重要春季观花树种。作庭院观赏、风景林。

地理位置：分布于华北至长江流域。

图 4.3.42　日本晚樱

43. 石榴

国人视石榴为吉祥物，它是多子多福的象征，古人称石榴"千房同膜，千子如一"，借石榴多籽，来祝愿子孙繁衍，家族兴旺昌盛。石榴树是富贵、吉祥、繁荣的象征，是庭院种植的重要吉祥树种，石榴花的花语是"成熟的美丽"（图4.3.43）。

学　　　名：石榴

别　　　称：安石榴

拉　丁　名：*Punica granatum L.*

科　　　属：石榴科　石榴属

植物类型：落叶小乔木或灌木

典型特征：高5～7m；单叶，花期5—6月，1～5朵聚生，花萼钟形，橘红色，质厚，果期9—10月。

典型习性：阳性树种。也耐瘠薄，不耐涝和荫蔽，以排水良好的夹沙土栽培为宜。

园林用途：四季观赏树种。也宜作矿区绿化和各种桩景的材料。

地理位置：中国南北均有栽培，以江苏、河南等地种植面积较大。

图4.3.43　石榴

44. 榆叶梅

榆叶梅因其叶似榆，花如梅，故名榆叶梅。又因其变种枝短花密，满枝缀花，故又名"鸾枝"。榆叶梅枝叶茂密，花繁色艳，以反映春光明媚、花团锦簇的欣欣向荣景象（图4.3.44）。

学　　　名：榆叶梅

别　　　称：榆梅、小桃红

拉　丁　名：*Amygdalus triloba*（*Lindl.*）*Ricker*

图4.3.44　榆叶梅

科　　属：蔷薇科　桃属

植物类型：落叶乔木或灌木

典型特征：枝紫褐色，叶宽椭圆形，花期4月，先叶开放，紫红色，1～2朵生于叶腋；核果红色，近球形，有毛。

典型习性：半阳性树种。能在−35℃下越冬。以中性至微碱性而肥沃土壤为佳。

园林用途：良好的观赏树种。

地理位置：现各地均有分布。

45. 无花果

无花果纯朴无华，还未见它的花艳，就已是果满枝头了。无花果是有花的，只是它的花朵隐藏在囊状花托里，植物学上称为"隐头花序"；东欧一些国家至今都把无花果作为幸福、美满的象征，是新婚时不可缺少的礼品（图4.3.45）。

学　　名：无花果

别　　称：映日果、文仙果

拉　丁　名： *Ficus carica Linn.*

科　　属：桑科　榕属　无花果亚属

植物类型：落叶灌木

典型特征：高3～10m，树皮灰褐色，皮孔明显；叶互生，花果期5—7月，大而梨形，直径3.5cm，顶部下陷。

典型习性：阳性树种。对二氧化硫、氯化氢、二氧化碳、硝酸雾以及苯等物质，都有一定的抵御吸收能力。

园林用途：良好的园林及庭院绿化观赏树种，是最好的盆栽果树之一。

地理位置：除东北、西藏和青海外，我国其他省（区）均有无花果分布。

图4.3.45　无花果

46. 白丁香

白丁香花筒细长如钉且花香故得名，白丁香高贵的香味使它拥有"天国之花"的外号，同时丁香花也是高洁、冷艳、哀婉与愁怨的象征，花语是青春欢笑，哈尔滨市、西宁市市花（图4.3.46）。

学　　名：白丁香

别　　称：无

拉　丁　名： *Syringa oblata Lindl. var. alba Rehder*

科　　属：木犀科　丁香属　紫丁香变种

植物类型：落叶灌木或小乔木

典型特征：高4～5m；叶片纸质，单叶互生，叶卵圆形，有微柔毛，先端锐尖；花期4—5月，圆锥花序，花白色，有单瓣、重瓣之别。

典型习性：半阳性树种。喜排水良好的深厚肥沃土壤。

园林用途：常植于庭园观赏。

地理位置：长江以北地区均有栽培。

图4.3.46 白丁香

47. 合欢

合欢是一种惹人喜欢的植物，昼开夜合，是我国的吉祥之花，自古以来人们就有在宅第园池旁栽种合欢树的习俗，寓意夫妻和睦，家人团结，对邻居心平气和，友好相处，威海市市树（图4.3.47）。

学　　名：合欢

别　　称：绒花树、夜合花

拉 丁 名：*Albizzia julibrissin Durazz.*

科　　属：含羞草科　合欢属

植物类型：落叶乔木

典型特征：树皮灰褐色，不裂；二回偶数羽状复叶，呈镰状，夜间成对相合；花期6—7月，花色粉红色，细长如绒缨；果期9—10月，荚果扁平带状。

典型习性：阳性树种。对有害气体有较强的抗性，不耐水涝，生长迅速。

园林用途：宜作庭荫树、行道树。

地理位置：分布于我国黄河流域及以南地区。

图4.3.47 合欢

48. 悬铃木

悬铃木是世界著名的行道树，具有"行道树之王"的美称（图4.3.48）。

学　　名：悬铃木

别　　称：梧桐、英桐、二球悬铃木

拉 丁 名：*Platanus acerifolia*（*Ait.*）*Willd.*

科　　属：悬铃木科　悬铃木属

植物类型：落叶乔木

典型特征：高达35m，树皮灰绿色，呈片状剥落；花期4—5月，果期9—10月，聚花果2个一串悬于总梗上。

典型习性：阳性树种。抗污染能力强，滞尘力强，耐修剪，根系浅，抗风差。

园林用途：庭荫树和行道树。

地理位置：我国从南至北均有栽培。

图 4.3.48　悬铃木

49. 卫矛

卫矛枝翅奇特，秋叶红艳耀目，果裂亦红，甚为美观，堪称观赏佳木（图4.3.49）。

学　　名：卫矛

别　　称：鬼箭羽、四面锋

拉 丁 名：*Euonymus alatus*

科　　属：卫矛科　卫矛属

图 4.3.49　卫矛

植物类型：落叶小乔木或灌木

典型特征：高 1～5m，小枝常具 2～4 列宽阔木栓翅；叶卵状椭圆形，花期 5—6 月，果期 7—10 月，蒴果 1～4 深裂，假种皮橙红色。

典型习性：半阳性树种。对气候和土壤适应性强，能耐干旱、瘠薄和寒冷，萌芽力强，耐修剪，对二氧化硫有较强的抗性。

园林用途：著名的观赏树种。

地理位置：全国各地均有分布。

50. 紫薇

紫薇花在中国民间是象征吉祥尊贵之花，有谚语云："门前种棵紫薇花，家中富贵又荣华。"紫薇树无皮，象征着朴素实在与乐观豁达；花期长、花开不败，象征和平幸福美满的生活长长久久，朋友之间情深义重（图 4.3.50）。

学　　名：紫薇

别　　称：百日红、痒痒树

拉 丁 名：*Lagerstroemia indica L.*

科　　属：千屈菜科　紫薇属

植物类型：落叶小乔木或灌木

典型特征：高可达 7m，枝干多扭曲，老树皮呈长薄片状剥落，脱落后内皮平滑；花期 6—9 月，皱缩，边缘有不规则缺刻；果期 9—11 月，蒴果近球形 6 瓣裂。

典型习性：半阳性树种。萌芽力强，生长较慢，寿命长，吸收有害气体及烟尘的能力较强。

园林用途：适宜建筑物前、庭园、池畔、河边、草坪旁及公园小径两旁、道路分车带。也是树桩盆景的好材料，也可利用小枝编制成造型树。

地理位置：分布于我国华东、中南及西南各地。

图 4.3.50　紫薇

51. 木槿

木槿花朝开暮落，犹如昙花一现，青春勃发，给人一种厚积薄发的力量，每一次凋谢都是为了下一次更绚烂地开放，花语是"坚韧、质朴、永恒、美丽"，为韩国国花（图 4.3.51）。

学　　名：木槿

别　　称：木棉、荆条、木槿花

拉 丁 名：*Hibiscus syriacus Linn.*

科　　属：锦葵科　木槿属

植物类型：落叶小乔木或灌木

典型特征：高达 4m；叶菱状卵圆形，常 3 裂，先端钝；花期 6—10 月，花色丰富，单生，花冠钟形。果卵圆形或长圆形，密被金黄色星状毛。

典型习性：半阳性树种。对二氧化硫与氯化物等有害气体抗性强，滞尘能力强。

园林用途：夏、秋季的重要观花木，也是有污染工厂的主要绿化树种。

地理位置：东北南部至华北及华南各地均有栽培。

图 4.3.51　木槿

52. 臭椿

臭椿树在印度、法国、德国、意大利、美国等国常作行道树用，颇受赞赏而称为天堂树（图 4.3.52）。

学　　名：臭椿

别　　称：椿树、木砻树

拉 丁 名：*Ailanthus altissima Swingle*

科　　属：苦木科　臭椿属

植物类型：落叶乔木

典型特征：高达 30m，树冠开阔；树皮灰白色平滑，奇数羽状复叶互生，花期 4—5 月，黄绿色；

图 4.3.52　臭椿

果期9—10月，翅果淡褐色纺锤形。

典型习性：阳性树种。对二氧化硫、氯气、氟化氢、二氧化氮的抗性极强。

园林用途：良好的观赏树和行道树。

地理位置：分布于我国华南、西南、东北南部各地。

53. 香椿

人们食用香椿久已成习，汉代就遍布大江南北，古代农市上把香椿称椿，把臭椿称为樗；香椿头，谷雨前后采摘，是春天送来的礼物（图4.3.53）。

学　　名：香椿

别　　称：香椿芽

拉 丁 名：*Toona sinensis*（*A. Juss.*）*Roem.*

科　　属：楝科　香椿属

植物类型：落叶乔木

典型特征：高达25m，树冠球形；偶数（稀奇数）羽状复叶，花期5—6月，果期10—11月，蒴果椭圆形，红褐色，种子上端具翅。

典型习性：阳性树种。对有害气体抗性强；适宜生长于河边、宅院周围肥沃湿润砂壤土为好。

园林用途：常用作庭荫树、行道树、"四旁"绿化树。

地理位置：黄河及长江流域各地普遍栽培。

图4.3.53　香椿

54. 旱柳

柳树是最早吐绿报春的植物，其特有的风姿已成为我们民族文化中的一个亮点，柳树速长，折柳送友意味着无论漂流何方都能枝繁叶茂，而纤柔细软的柳丝则象征着情意绵绵；柳是"留"的谐音，"折柳"以示"挽留"之意；在清明时节，中国自古就有插柳辟邪的传统习俗（图4.3.54）。

学　　名：旱柳

别　　称：柳树

拉 丁 名：*Salix matsudana Koidz.*

科　　属：杨柳科　柳属

植物类型：落叶乔木

典型特征：高20m，树冠广圆形；花期2—3月，花单性，柔荑花序，花序与叶同时开放；果期4—5月蒴果，果序长2cm。

典型习性：阳性树种。耐修剪，深根性，固土、抗风力强，生长快。

园林用途：常用的庭荫树、行道树。

地理位置：北方平原地区。

图 4.3.54　旱柳

55. 垂柳

垂柳婀娜多姿，文化底蕴颇为深厚，适应力强，成为生命力的象征；"柳"与"留"谐音，"柳"也就成为寄寓留恋、依恋的情感载体（图 4.3.55）。

学　　名：垂柳

别　　称：垂杨柳

拉 丁 名：*Salix babylonica L.*

科　　属：杨柳科　柳属

植物类型：落叶乔木

典型特征：高 8m，树冠开展，树皮灰黑色，小枝细长下垂淡黄绿色；单叶互生，叶线状披针形，花期 3—4 月，果期 4—5 月，蒴果 2 裂。

典型习性：阳性树种。耐寒性不及旱柳，发芽早，落叶迟；吸收二氧化硫能力强。

园林用途：可列植作湖边行道树、园路树、庭荫树等，亦适于工厂绿化，还是固堤护岸的重要树种。

地理位置：主要分布浙江、湖南、江苏、安徽等地。

图 4.3.55　垂柳

56. 刺槐

刺槐花不大也不是很香，但刺槐花很质朴、平淡，不娇嫩，默默地散发清淡的香味，刺槐花不仅能观赏，而且还能食用（图4.3.56）。

学　　名：刺槐

别　　称：洋槐

拉　丁　名：*Robinia pseudoacacia L.*

科　　属：豆科　刺槐属

植物类型：落叶乔木

典型特征：高达10.25m；树皮灰褐色，具托叶刺；奇数羽状复叶，椭圆形先端钝或微凹，花期4—5月，花冠蝶形，白色，芳香，果期9—10月，荚果扁平。

典型习性：阳性树种。对二氧化硫、氯气、光化学烟雾等的抗性强，吸收铅蒸气的能力强。

园林用途：可作为行道树、庭荫树。

地理位置：主要分布于黄河流域、淮河流域。

图4.3.56　刺槐

57. 国槐

唐代开始，常以槐指代科考，考试的年头称槐秋，举子赴考称踏槐，考试的月份称槐黄，槐象征着三公之位，举仕有望；且"槐""魁"相近，企盼子孙后代得魁星神君之佑而登科入仕；槐树还具有古代迁民怀祖的寄托、吉祥和祥瑞的象征等文化内涵（图4.3.57）。

图4.3.57　国槐

学　　名：国槐

别　　称：槐树

拉　丁　名：*Sophora japonica L.*

科　　属：豆科　槐属

植物类型：落叶乔木

典型特征：高 25m，树冠圆球形；树皮暗灰色，奇数羽状复叶，叶端尖；花期 7—9 月，花浅黄绿色；果期 9—10 月，荚果串珠状肉质，熟后不开裂，经冬不落。

典型习性：半阳性树种。对二氧化硫、氯气、氯化氢均有较强的抗性；深根性树种，萌芽力强，寿命极长。

园林用途：可作为行道树、庭荫树。

地理位置：主要分布于黄河流域和华北平原。

58. 龙爪槐

龙爪槐的叶子倒挂下来就像一只只龙爪碰到了草坪，仿佛在跟草坪讲悄悄话！这就是龙爪槐（图 4.5.58）。

学　　名：龙爪槐

别　　称：垂槐、盘槐

拉　丁　名：*Sophora japonica Linn. var. japonica f. pendula Hort.*

科　　属：豆科　槐属　国槐变种

植物类型：落叶乔木

典型特征：高达 25m；小枝柔软下垂，树冠如伞，枝条构成盘状，上部蟠曲如龙，老树奇特苍古；叶为羽状复叶，互生，花果期 6—11 月。

典型习性：半阳性树种。深根性，抗风，萌芽力强，寿命长，对二氧化硫、氟化氢、氯气、烟尘等有一定抗性。

园林用途：是优良的园林树种。

地理位置：我国南北各地广泛栽培。

图 4.3.58　龙爪槐

59. 构树

构树外貌虽较粗野，但枝叶茂密且有抗性、生长快、繁殖容易等许多优点，果实酸甜，可食用（图

4.3.59）。

学　　名：构树

别　　称：构桃树、土桃树

拉　丁　名：*Broussonetia papyrifera*（L.）L'Her. ex Vent.

科　　属：桑科　构属

植物类型：落叶乔木

典型特征：高达 16m；单叶对生或轮生，树龄大的叶子为卵心形，树龄小的构树的叶子为 3～5 裂，花期 5 月，果期 8—9 月，果球形熟时橙红色。

典型习性：阳性树种。对烟尘及二氧化硫等多种有毒气体抗性很强。

园林用途：是城乡绿化的重要树种。

地理位置：分布于我国华北、华东、华中、华南、西南等地。

图 4.3.59　构树

60. 苦楝

"苦楝"与"苦苓"谐音，闽南话是"可怜"，当地人认为它是个不祥的植物，衰败的象征，加上苦楝全身都是味辛苦涩，人们唯恐被拖累，尽量避开，因此过去的庭院里很少出现（图 4.3.60）。

学　　名：苦楝

别　　称：楝树

拉　丁　名：*Melia azedarach* L.

图 4.3.60　苦楝

科　　属：楝科　楝属

植物类型：落叶乔木

典型特征：高达20m，叶2~3回奇数羽状复叶，互生，花期4—5月，花小紫色；果期10—11月，球形，熟时黄色宿存枝头。

典型习性：阳性树种。侧根发达；萌芽力强，生长快，寿命短。

园林用途：优良的庭荫树、行道树，也是工厂、城市、矿区绿化树种。

地理位置：分布于山西、河南、河北南部、山东、陕西，长江流域及以南各地。

61. 毛泡桐

"花苑胜名未有，林下亦非俏材。岂顾他言我是我，春晚自徘徊"这便是低调的毛泡桐（图4.3.61）。

学　　名：毛泡桐

别　　称：皇后树、梧桐树

拉　丁　名：*Paulownia tomentosa*（*Thunb*.）*Steud*.

科　　属：玄参科　泡桐属

植物类型：落叶乔木

典型特征：高15~20m；树皮褐灰色，单叶对生，阔卵形，花期4—5月，顶生圆锥花序；花冠漏斗钟形，蓝紫色；果期9—10月，蒴果卵圆形。

典型习性：强阳性树种。对二氧化硫、氯气、氟化氢等气体抗性较强，速生树种。

园林用途：宜作行道树、庭荫树及"四旁"绿化树种。

地理位置：主要分布于黄河流域以北地区。

图4.3.61　毛泡桐

62. 毛白杨

作为优良的造林绿化树种，毛白杨广泛地应用于防护林与行道河渠绿化中。遗憾的是，每年上演的"五月飘雪"着实令人不敢恭维（图4.3.62）。

学　　名：毛白杨

别　　称：杨树

拉　丁　名：*Populus tomentosa Carr*.

科　　属：杨柳科　杨属

植物类型：落叶乔木

典型特征：高达 40m，单叶互生，叶卵形先端渐尖，花期 3—4 月，柔荑花序，先叶开放；果期 4—5 月，蒴果 2 裂三角形。

典型习性：阳性树种。对土壤要求不严，深根性，寿命长，抗烟尘和污染能力强，是中国速生树种之一。

园林用途：园林中适宜作行道树、庭荫树，列植广场、干道两侧，也是厂区绿化、"四旁"绿化及防护林、用材林的重要树种。

地理位置：分布在黄河流域。

图 4.3.62　毛白杨

63. 桑树

桑为木之精。苏颂介绍以 4 月和 10 月分别采收桑叶，阴干捣末，煎水代茶，称"神仙服食方"（图 4.3.63）。

学　　　名：桑

别　　　称：桑树

拉　丁　名：*Morus alba L.*

科　　　属：桑科　桑属

植物类型：落叶乔木

典型特征：高达 15m；单叶互生，卵形，叶缘锯齿粗钝，有时有不规则分裂，有光泽；花期 4 月，果期 5—6 月，聚花果圆柱形，成熟时紫红色或白色。

典型习性：阳性树种。对土壤要求不严；根系发达，抗风力强；生长快，萌芽性强，耐修剪。

园林用途：适宜作庭荫树，混植风景林，城市工矿区及农村四旁绿化，良好的绿化及经济树。

图 4.3.63　桑树

地理位置：现长江中下游及黄河流域较多。

64. 榆树

榆木素有"榆木疙瘩"之称，言其不开窍，难解难伐之意，从古至今，榆木备受欢迎，是上至达官贵人、文人雅士，下至黎民百姓制作家具的首选；果看上去像是一串串像铜钱，有财源滚滚之意（图4.3.64）。

学　　名：榆树

别　　称：白榆、家榆

拉　丁　名：*Ulmus pumila L.*

科　　属：榆科　榆属

植物类型：落叶乔木

典型特征：高达25m，树冠圆球形；树皮纵裂粗糙暗灰色；单叶互生，花期3—4月，叶前开花；果期4—5月，果近扁圆形。

典型习性：阳性树种。抗风，萌芽力强，耐修剪，生长迅速，寿命可达百年以上，对烟尘和有毒气体的抗性较强。

园林用途：作行道树、庭荫树，城乡绿化或作为防护林、水土保持林和盐碱地造林树种。

地理位置：现主要分布于华北、淮北平原。

图4.3.64　榆树

【知识拓展】

奇 异 的 植 物 世 界

1. 大王花

大王花（*Rafflesia arnoldii*），又名阿诺尔特大花，是世界上最大的花，也是最臭的花。不过，臭味倒是它吸引苍蝇等昆虫来传播花粉的好办法。目前这种花只生活在印尼的苏门答腊岛和婆罗洲上那些像葡萄藤一样的热带藤类植物中，而且只能看到它的花。这种花没有叶、杆和根，不能进行光合作用，是一种寄生生物。

2. 巨型海芋

由于巨型海芋开放时会散发一股类似腐尸并混合着粪便的味道，奇臭无比，因此被称为"尸花"。据了解，人类1878年在印尼的苏门答腊岛上首次发现了巨型海芋。它一天可以长1.8～2.1m，简直难以置信。

3. 白鹭花

白鹭是一种长得像鹤似的鸟。白鹭花酷似飞行的白鹭。

4. 忘忧草

忘忧草也称为热带猪笼草或捕虫草，是遍布亚洲的一种食肉植物。动物一旦爬进其植物中，就会落入水中淹死。据悉，在印度有一种名为 Nepenthes Tanax 的忘忧草甚至还吃老鼠呢。

5. 蝙蝠花

蝙蝠花（Tacca chantrieri）通常又称为老虎须，在温暖气候下生长茂盛。此幽灵般植物主要分布在中南亚。

6. 开普茅膏菜

开普茅膏菜俗称好望角茅膏菜，是生长在南非的食肉植物。它的茎通常会长到几厘米高，上面长着细长的叶子。这种植物上会渐渐开出许多诱人的花朵和黏性触须，坚定不移地等候猎物的到来。此特别植物原产于南非的好望角省。

7. 树木扼杀者

真是名副其实，这种扼杀树木的无花果植物将自己缠绕在树木上，直达树冠，以此来获取阳光。其根还会挤压树干，切断树木营养物质的流动。

8. 维纳斯捕蝇草

维纳斯捕蝇草是能快速运动的植物之一。此植物等待其美味的到来，一旦昆虫进入其陷阱之后，它就会猛然地闭合。

9. 银扇草

银扇草因其果荚形状酷似钱币，故有金钱花、大金币草之称，在欧洲到处都有。它因其透明的种子夹又被称作"年度忠实"。

10. 龙海芋

龙海芋（学名 Dracuunculus vulgaris），其中心主茎上长有深紫色花，直立的花茎周围长有较大的绿叶子，叶子上有白色叶脉。

【实训提纲】

1. 实训目标

（1）每天实训选取 5～8 个科，通过对各科代表植物的观察，掌握其识别要点，总结重要科、属。

（2）熟悉常见乔木植物的观赏特性、习性及应用，巩固课堂所学知识。

（3）学会利用植物检索表、植物志等工具鉴定植物。

（4）要求正确识别及应用常见乔木 80 种。

2. 实训内容

（1）由教师指导识别植物或学生通过工具书来鉴定植物。

（2）学生 5～6 人一组，通过观察分析并对照相关专业书籍，记载树木的主要识别特征，并写出树木的中文名、学名及科属名。

（3）从树木形态美的角度去观察树木，记载其观赏部位、最佳观赏时期及园林应用的模式。

（4）在室外，观察树木的整体和细部形貌、生境和生长发育表现以及应用形式等，并将室内树木局部的形态观察与室外树木整体的观察相结合，进一步掌握树木的识别特征、观赏特性、习性及应用。

3. 考核标准

（1）考核内容：常见植物的识别。

（2）考核要求：说出树木的中文通用名称、分类科属、主要识别特征及应用。

（3）考核方式和时限：实物考核、考核植物由教师决定，每人 5 种，8 分钟内完成教师提出的问题。

（4）考核地点：校园内或植物园进行。

（5）技能考核成绩占学期成绩评定的比重：学期成绩以期末理论考试成绩和技能考核成绩综合评定，各占 50%。

第 5 章　灌　木

主要内容：

灌木是园林绿化的骨干材料，本章将介绍具有代表性的常绿灌木、落叶灌木的学名、拉丁名、科属、植物特性与分布、应用与文化。

学习目标：

能够正确识别常见的常绿灌木 20 种、落叶灌木 20 种，并掌握其专业术语及植物文化内涵。

5.1　灌木概念

灌木无明显主干，呈丛生状，通常大灌木高度可达 2m 以上，中型灌木为 1.2m，小灌木为 1m 以下。

5.2　常绿灌木

1. 千头柏

千头柏为侧柏的栽培变种植物，适应性强，对土壤要求不严，但需排水良好，水大易导致植株烂根（图 5.2.1）。

学　　　名：千头柏

别　　　称：子孙柏、扫帚柏、凤尾柏

拉 丁 名：*Platycladus orientalis* '*sieboldii*'

科　　　属：柏科　侧柏属　侧柏变种

植物类型：丛生常绿灌木

图 5.2.1　千头柏

典型特征：植株丛生状，树冠卵圆形，大枝斜出小枝直展，扁平，叶鳞形，交互对生。

典型习性：阳性树种，适应性强，对土壤要求不严，耐修剪，易整形，花期3—4月，果期10—11月。

园林用途：可对植、群植，也可做绿篱。

地理位置：华北、西北至华南，长江流域。

2. 铺地柏

枝叶翠绿，蜿蜒匍匐，在春季抽生新傲枝叶时，颇为美观，没错，是它——铺地柏（图5.2.2）。

学　　名：铺地柏

别　　称：爬地柏、矮桧

拉　丁　名：*Sabina procumbens*

科　　属：铺地柏　柏科　圆柏属

植物类型：常绿匍匐灌木

典型特征：枝干褐色，枝梢向上伸展，小枝密生；叶均为刺形叶，3叶交互轮生。

典型习性：半阳性树种，耐寒力强、萌生力强，喜石灰质肥沃土壤，浅根性，侧根发达，寿命长，抗烟尘及有害气体。

园林用途：岩石园或草坪角隅，又为缓土坡的良好地被植物。

地理位置：黄河流域至长江流域各城市。

图5.2.2　铺地柏

3. 阔叶十大功劳

十大功劳，从名字足以说明它的用途之广，全株树、根、茎、叶均可入药，且药效卓著，依照中国人凡事讲求好兆头的习惯，便赋予它"十"这个象征完满的数字，因而得名（图5.2.3）。

学　　名：阔叶十大功劳

别　　称：土黄柏、八角刺

拉　丁　名：*Mahonia bealei*

科　　属：小檗科　十大功劳属

植物类型：常绿灌木

典型特征：小叶卵状椭圆形，叶缘反卷，每边有大刺齿，侧生小叶背面有白粉，坚硬革质。

典型习性：半阳性，性强健，对二氧化硫、氟化氢的抗性较强，花期4—5月，果期9—10月。

园林用途：庭院、园林围墙下作为基础种植，也可栽植于建筑物北侧、假山旁侧或石缝中等。

地理位置：华中、华南、西南等地。

图 5.2.3 阔叶十大功劳

4. 细叶十大功劳

细叶十大功劳与阔叶十大功劳虽然名字上很相似，外形却有一定的区别（图 5.2.4）。

学　　名：细叶十大功劳

别　　称：狭叶十大功劳

拉 丁 名：*Mahonia fortunei*（*Lindl*.）*Fedde*

科　　属：小檗科　十大功劳属

植物类型：常绿小灌木

典型特征：小叶狭披针形，叶硬革质，叶缘有针刺状锯齿，入秋叶片转红，奇数羽状复叶。

典型习性：半阳性，耐寒、喜温暖湿润气候、耐旱，不耐碱，怕水涝，对有毒气体抗性一般，花期 8—10 月，果期 12 月。

园林用途：庭院、园林围墙下作为基础种植，也可栽植于建筑物北侧、假山旁侧或石缝中等。

地理位置：华中、华南、西南等地。

图 5.2.4 细叶十大功劳

5. 枸骨

勤献红果以利世，也长尖刺为防身。一颗枸骨在前，那红艳艳的果实令你喜爱万分，你心动了，却伸手不得，因为每一片枸骨叶上都长着尖刺，只可远观不可亵玩。枸骨在欧美国家常用于圣诞节的装饰

（图 5.2.5）。

学　　　名：枸骨

别　　　称：老虎刺、鸟不宿

拉 丁 名：*Ilex cornuta*

科　　　属：冬青科　冬青属

植物类型：常绿灌木或小乔木

典型特征：叶硬革质，矩圆状四方形，顶端扩大，有硬而尖的刺齿3个。

典型习性：半阳性树种，耐干旱，不耐盐碱，较耐寒；花期4—5月，果期9月。

园林用途：绿篱、果篱、刺篱及盆栽材料。

地理位置：长江中下游各省。

图 5.2.5　枸骨

6. 火棘

火棘是我国传统栽培的盆花及盆景之一，其果实累累、鲜红夺目，寿命长，在民间被视为吉祥花卉，象征红红火火、喜庆吉祥、健康长寿，还有人称之为"吉祥果"；在中国台湾又称为"状元红"（图5.2.6）。

图 5.2.6　火棘

学　　　名：火棘

别　　　称：火把果、救军粮

拉　丁　名：*Pyracantha fortuneana*

科　　　属：蔷薇科　火棘属

植物类型：常绿灌木

典型特征：高达3m，具枝刺；叶倒卵状长圆形，先端圆钝或微凹。

典型习性：阳性树种，耐贫瘠，抗干旱，不耐寒，耐修剪，喜萌发，自然抗逆性强，花期3—5月，果期8—11月。

园林用途：绿篱、火棘球等，还可作盆景和插花材料。

地理位置：华中、西北地区。

7. 南天竹

南天竹经冬不凋，红果累累，寓意吉祥，走运，好兆头，日益强烈的爱情（图5.2.7）。

学　　　名：南天竹

别　　　称：南天竺，红杷子

拉　丁　名：*Nandina domestica*

科　　　属：小檗科　南天竹属

植物类型：常绿灌木

典型特征：多簇生，高达2m，茎直立，少分枝；叶2～3回羽状复叶，互生，中轴有关节，小叶椭圆状披针形，先端渐尖，全缘。

典型习性：半阴性树种，喜温暖气候，肥沃湿润排水良好的土壤，耐寒性不强，对水分要求不严，花期4—6月；果期9—10月。

园林用途：常栽植于山石旁，庭院角落处，宜片植于林下，小型植株适于盆栽观赏。

地理位置：华北、华东至华南地区。

图5.2.7　南天竹

8. 海桐

海桐株形圆整，四季常青，花味芳香，种子红艳，为著名的观叶观果植物，通常可作绿篱栽植，也可孤植、丛植于草丛边缘、林缘或门旁、列植在路边，根据观赏要求修剪成平台状、圆球状、圆柱状等多种形态。又为海岸防潮林、防风林及矿区绿化的重要树种（图5.2.8）。

学　　　名：海桐

别　　称：七里香　海桐花

拉 丁 名：*Pittosporum tobira*

科　　属：海桐科　海桐花属

植物类型：常绿灌木

典型特征：树冠浓密，叶倒卵形，先端圆或微凹，边缘反卷。

典型习性：半阳性树种，喜温暖湿润气候及酸性或中性土壤，对气候的适应性较强，萌芽力强耐修剪，抗二氧化硫能力强，花期5—6月，果期9—10月。

园林用途：绿篱栽植，为海岸防潮林、防风林及矿区绿化的重要树种。

地理位置：华东、中南等地，长江流域至南岭以北。

图 5.2.8　海桐

9. 大叶黄杨

枝叶茂密，四季常青，叶色亮绿，常用作绿篱及背景种植材料，亦可丛植草地边缘或列植于园路两旁；用于花坛中心或对植于门旁。可单株栽植在花境内，将它们整成低矮的巨大球体等（图5.2.9）。

学　　名：大叶黄杨

别　　称：冬青、四季青

拉 丁 名：*Buxus megistophylla*

图 5.2.9　大叶黄杨

科　　属：黄杨科　黄杨属

植物类型：常绿灌木

典型特征：小枝稍具棱，叶长椭圆形，先端钝尖，革质，表面有光泽，边缘有细锯齿；

典型习性：半阳性树种，在淮河流域可露地自然越冬，在肥沃和排水良好的土壤中生长迅速，极耐修剪整形，花期6—7月，果期9—10月。

园林用途：绿篱及背景种植材料，丛植草地边缘或列植于园路两旁。

地理位置：华中及以南各省。

10. 小叶黄杨

小叶黄杨与大叶黄杨属于一个家族，形态特征却有一定区别。具有"瓜子黄杨"之别称（图5.2.10）。

学　　名：小叶黄杨

别　　称：瓜子黄杨

拉 丁 名：*Buxus sinica var. parvifolia M. Cheng*

科　　属：木兰科　木兰属

植物类型：常绿灌木

典型特征：叶对生，革质，全缘，椭圆或倒卵形，表面亮绿色；花簇生叶腋或枝端。

典型习性：阳性树种，抗污染，喜肥沃湿润排水良好的土壤，耐旱，稍耐湿，忌积水，耐修剪，抗烟尘及有害气体，花期4—5月，果期8—9月。

园林用途：绿篱、魔纹花坛、点缀风景等。

地理位置：长江流域及其以南各省。

图 5.2.10　小叶黄杨

11. 金边黄杨

金边黄杨斑叶尤为美观，极耐修剪，可作绿篱、模纹花坛、点缀风景，灌球以及各种图案造型（图5.2.11）。

学　　名：金边黄杨

别　　称：金边冬青

拉 丁 名：*Euonymus Japonicus cv. Aureo. ma*

科　　属：黄杨科　黄杨属　大叶黄杨变种

植物类型：常绿灌木

典型特征：单叶对生，厚革质，边缘具钝齿，叶表面深绿色，有黄色的斑纹。

典型习性：半阳性树种，萌芽力和发枝力强，耐修剪，耐瘠薄，适宜在肥沃、湿润的微酸性土壤中生长，花期5—6月，果期9—10月。

园林用途：可作绿篱、魔纹花坛、点缀风景。

地理位置：淮河流域及以南地区。

图 5.2.11　金边黄杨

12. 雀舌黄杨

雀舌黄杨枝叶繁茂，叶形别致，像极了我们餐桌上的汤匙（图 5.2.12）。

学　　名：雀舌黄杨

别　　称：匙叶黄杨

拉 丁 名：*Buxus bodinieri Levl.*

科　　属：黄杨科　黄杨属

植物类型：常绿灌木

典型特征：叶倒卵状匙形，先端钝尖或微凹，叶薄革质。

图 5.2.12　雀舌黄杨

典型习性：阳性树种，要求疏松、肥沃和排水良好的沙壤土，耐修剪，较耐寒，抗污，花期8月，果期11月。

园林用途：绿篱、花坛和盆栽。

地理位置：华中以南地区。

13. 石楠

石楠花的花语是"孤独寂寞、威严、庄重、索然无味"（图5.2.13）。

学　　名：石楠

别　　称：细齿石楠

拉 丁 名：*Photinia serrulata Lindl.*

科　　属：蔷薇科　石楠属

植物类型：常绿灌木或小乔木

典型特征：叶片革质，长椭圆形，叶缘有疏生具腺细锯齿，早春幼枝嫩叶为紫红色，老叶经过秋季后部分出现赤红色。

典型习性：半阳性树种，能耐短期−15℃的低温，萌芽力强，耐修剪，对烟尘和有毒气体有一定的抗性，花期4—5月，果期10—11月。

园林用途：绿篱、孤植、基础栽植、灌木丛等。

地理位置：华中、华南、西南地区。

图5.2.13　石楠

14. 红叶石楠

红叶石楠因其鲜红色的新梢和嫩叶而得名，被誉为"红叶绿篱之王"（图5.2.14）。

学　　名：红叶石楠

别　　称：火焰红，千年红

拉 丁 名：*Photiniaxfraseri*

科　　属：蔷薇科　石楠属　石楠变种

植物类型：常绿灌木

典型特征：叶革质，长椭圆形至倒卵披针形，有锯齿，春季新叶亮红色。

典型习性：半阳性树种，萌芽性强，耐修剪，易移植整形，花期4—5月，果期10月。

园林用途：色带、隔离带、魔纹。

地理位置：华东、中南及西南地区。

图 5.2.14　红叶石楠

15. 红花檵木

红花檵木无惧时光荏苒，虽花无百日红，叶却可千日艳，保持宜人的气质和翩翩的风度，花语是"发财、幸福、相伴一生"（图 5.2.15）。

学　　名：红花檵木

别　　称：红桎木、红檵花

拉 丁 名：*Loropetalum chinense var. Rubrum*

科　　属：金缕梅科　檵木属

植物类型：常绿灌木

典型特征：叶互生全缘，卵形，嫩枝淡红色，越冬老叶暗红色。

典型习性：半阳性树种，耐修剪，耐瘠薄，萌芽力和发枝力强，花期 4—5 月，果期 9—10 月。

园林用途：色篱、模纹花坛、彩叶小乔木、桩景造型等。

地理位置：长江中下游及以南地区。

图 5.2.15　红花檵木

16. 洒金东瀛珊瑚

洒金东瀛珊瑚是珍贵的耐阴灌木，叶片黄绿相映，凌冬不凋，宜栽植于园林的庇荫处或树林下，凡阴湿之处无不适宜（图5.2.16）。

学　　　名：洒金东瀛珊瑚

别　　　称：花叶青木

拉　丁　名：*Aucuba japonica*

科　　　属：山茱萸科　桃叶珊瑚属

植物类型：常绿灌木

典型特征：叶对生，肉革质，长椭圆形，先端尖，边缘疏生锯齿两面油绿而富光泽，叶面黄斑累累，酷似洒金。

典型习性：阴性树种，喜湿润、排水良好的肥沃的土壤，耐修剪，对烟尘和大气污染的抗性强，花期3—4月，果期11月至次年2月。

园林用途：园林的庇荫处或树林下。

地理位置：长江中下游地区。

图5.2.16　洒金东瀛珊瑚

17. 八角金盘

八角金盘属于良好的"生旺"风水植物之一，象征坚强、有骨气，八方来财，聚四方才气，更上一层楼之意（图5.2.17）。

学　　　名：八角金盘

别　　　称：八手　手树

拉　丁　名：*Fatsia japonica*

科　　　属：五加科　八角金盘属

植物类型：常绿灌木

典型特征：叶7～9掌状深裂，基部心形，有光泽，叶缘粗锯齿。

典型习性：荫性树种，宜种植有排水良好和湿润的砂质壤土中，对二氧化硫抗性较强，花期10—11月，果期次年4月。

园林用途：假山边、大树下、建筑背阴面等。

地理位置：长江流域以南各城市。

图 5.2.17　八角金盘

18. 日本珊瑚树

珊瑚树果初为橙红，之后红色渐变紫黑色，形似珊瑚，观赏性很高，故而得名（图5.2.18）。

学　　名：日本珊瑚树

别　　称：法国冬青

拉 丁 名：*Viburnum odoratissimum Ker. Gawl*

科　　属：忍冬科　荚迷属

植物类型：常绿灌木或小乔木

典型特征：枝有小瘤状凸起的皮孔，叶革质，深绿色，狭倒卵状长圆形，全缘或有钝齿。

典型习性：半阳性树种，耐火滞尘抗有毒气体能力强，萌芽性强，耐修剪，花期5—6月，果期7—9月。

园林用途：挡土墙旁、庭院围墙傍、防火林带等。

地理位置：华东、华南地区。

图 5.2.18　日本珊瑚树

19. 龟甲冬青

"其枝干苍劲古朴，叶子密集浓绿。"能有此评价的，当属龟甲冬青了（图5.2.19）。

学　　名：龟甲冬青

别　　称：豆瓣冬青、龟背冬青

拉 丁 名：*Ilex crenata cv. Convexa Makino*

科　　属：冬青科　冬青属

植物类型：常绿小灌木

典型特征：老干灰白或灰褐色，叶椭圆形，新叶嫩绿色，老叶墨绿色，较厚呈革质，有光泽。

典型习性：半阳性树种，较耐寒，萌芽强耐修剪，花期5—6月，果期8—10月。

园林用途：地被和绿篱，用于彩块及彩条作为基础种植。

地理位置：长江下游至华南、华东、华北地区。

图 5.2.19　龟甲冬青

20. 山茶花

中国传统的观赏花卉，"十大名花"中排名第七，亦是世界名贵花木之一，山茶花顶风冒雪，不怕环境的恶劣，能在严寒的冬天久开不败，象征着勇敢、正派和善于斗争，人们都称之为"胜利之花"（图5.2.20）。

图 5.2.20　山茶花

学　　名：山茶花

别　　称：茶花、山茶

拉　丁　名：*Camellia japonica L.*

科　　属：木兰科　木兰属

植物类型：常绿灌木或小乔木

典型特征：叶革质，椭圆形，先端略尖，深亮绿色。

典型习性：半阳性树种，略耐寒，一般品种能耐－10℃的低温，耐暑热，花期1—4月。

园林用途：疏林边缘、山茶专类园等。

地理位置：华东、中南地区。

21. 金叶女贞

金叶女贞叶子为绚丽的金黄色，花为银白色，因此有"金玉满堂"之意（图5.2.21）。

学　　名：金叶女贞

别　　称：黄叶女贞

拉　丁　名：*Ligustrum vicaryi*

科　　属：木犀科　女贞属

植物类型：落叶灌木

典型特征：叶革薄质，单叶对生，椭圆形或卵状椭圆形，叶片呈金黄色。

典型习性：半阳性树种，病虫害少，生长迅速，耐修剪，花期5—6月，果期10月。

园林用途：与紫叶小檗、黄杨等组成色块，或做绿篱。

地理位置：华北南部、华东、华南等地区。

图5.2.21　金叶女贞

22. 小叶女贞

小叶女贞的叶可入药，具清热解毒等功效，治烫伤、外伤；树皮入药治烫伤（图5.2.22）。

学　　名：小叶女贞

别　　称：小叶冬青、小白蜡

拉　丁　名：*Ligustrum quihoui Carr.*

科　　属：木犀科　女贞属

植物类型：落叶灌木

典型特征：叶薄革质，椭圆形，顶端钝，全缘，边缘略向外反卷。

典型习性：半阳性树种，对毒气抗性强，耐修剪，萌发力强，花期5—6月，果期8—11月。

园林用途：作绿篱，片植在林缘或与其他色叶灌木配置各种图案。

地理位置：中部、东部和西南部地区。

图5.2.22　小叶女贞

23. 凤尾兰

凤尾兰，一种很古老的神奇植物。传说有一次凤凰涅槃失败后，因为没有新的身体，便附着在旁边的一棵植物上。然后，便开出了迎着凤舞而摆动的凤尾兰，具有"盛开的希望"之意（图5.2.23）。

学　　名：凤尾兰

别　　称：菠萝花、厚叶丝兰

拉 丁 名：*Yucca gloriosa*

科　　属：龙舌兰科　丝兰属

植物类型：常绿灌木

典型特征：叶密集，螺旋排列茎端，质坚硬，有白粉，剑形，顶端硬尖，边缘光滑。

典型习性：阳性树种，除盐碱地外均能生长，抗污染，萌芽力强，花期6—10月。

园林用途：点景灌木、岩石或台坡旁灌木。

地理位置：长江流域及以南各地。

图5.2.23　凤尾兰

24. 小蜡

小蜡的种子可以酿酒，种子可以榨油供制肥皂，树皮和叶可入药，具清热降火、抑菌抗菌、去腐生肌等功效（图5.2.24）。

学　　　名：小蜡

别　　　称：山指甲

拉　丁　名：*Ligustrum sinense Lour*

科　　　属：木犀科　女贞属

植物类型：常绿灌木

典型特征：叶薄革质稍蜡质，椭圆形，顶端钝，全缘边缘略向外反卷。

典型习性：半阳性树种，较耐寒，耐修剪，对有毒气体抗性强，花期5—6月，果期9—12月。

园林用途：庭园、林缘、池边、石旁、工矿区等的好材料。

地理位置：长江以南各省均有分布。

图5.2.24　小蜡

5.3　落叶灌木

1. 木绣球

因木绣球叶临冬至次年春季逐渐落尽，为半落叶灌木，绣球是我国传统的吉祥花卉，象征着吉祥圆满（图5.3.1）。

学　　　名：木绣球

别　　　称：八仙花、绣球

拉　丁　名：*Viburnum macrocephalum*

科　　　属：忍冬科　荚蒾属

植物类型：半落叶灌木

典型特征：叶对生，大而有光泽，倒卵形至椭圆形，缘有粗锯齿。

典型习性：阴性树种，富含腐殖质而排水良好的酸性土壤，萌芽力强，花期5—7月。

园林用途：园路两侧、林下、路缘等。

地理位置：长江流域南北各地。

图 5.3.1　木绣球

2. 琼花

琼花在我国文化底蕴深厚，有着种种富有传奇浪漫色彩的传说和逸闻逸事，被称为"稀世的奇花异卉""中国独特的仙花""有情花"，为扬州市市花，另外琼花形似八位仙子围着圆桌，品茗聚谈，这种独特的花型，是植物中稀有的，美其名曰"聚八仙"（图 5.3.2）。

学　　　名：琼花

别　　　称：聚八仙、蝴蝶花

拉　丁　名：*Viburnum Macrocephalum Fort. f. keteleeri（Carr.）Rehd.*

科　　　属：忍冬科　荚蒾属

植物类型：半落叶灌木

典型特征：花大如盘，洁白如玉，聚伞花序生于枝端。

典型习性：半阳性树种，宜在肥沃、排水良好的土壤中生长，花期 4—6 月，果期 9—10 月。

园林用途：宜孤植也可群植于园路两侧、林下、路缘等。

地理位置：华东、中南地区。

图 5.3.2　琼花

3. 珍珠梅

珍珠梅，花苞未绽开时的形状似珍珠，一颗颗饱满如珍珠颗粒，因此而得名，花语是"友情、努力"（图5.3.3）。

学　　名：珍珠梅

别　　称：喷雪花、雪柳

拉 丁 名：*Sorbaria sorbifolia*（L.）A. Br.

科　　属：蔷薇科　珍珠梅属

植物类型：落叶灌木

典型特征：叶卵状披针形，先端渐尖，边缘有尖锐重锯齿。

典型习性：半阳性树种，不耐积水、干旱、盐碱，对污染和有毒气体抗性强，果期9—10月。

园林用途：点景灌木，窗前屋后灌木，也可作绿篱或切花瓶插。

地理位置：华北、华东、东北地区。

图5.3.3　珍珠梅

4. 棣棠花

棣棠花颜色明黄，花朵饱满，它的花语和象征意义是高贵（图5.3.4）。

学　　名：棣棠花

别　　称：金棣棠、麻叶棣棠

拉 丁 名：*Kerria japonica*

科　　属：蔷薇科　棣棠花属

植物类型：落叶灌木

图5.3.4　棣棠花

典型特征：单叶互生，叶卵形或三角状卵形，先端长渐尖，具不规则重锯齿。

典型习性：半阳性树种，对土壤要求不严，喜肥沃疏松沙壤土，花期4—5月，果期6—7月。

园林用途：花篱、花境，疏林草地或山坡林下灌木等。

地理位置：华北、华东、华中、西南等地。

5. 贴梗海棠

还因其果实跟木瓜海棠的果实——木瓜比起来成熟后稍有皱缩，因此有"皱皮木瓜"之称（图5.3.5）。

　　学　　名：贴梗海棠

　　别　　称：皱皮木瓜、贴梗木瓜

　　拉 丁 名：*Chaenomeles speciosa*

　　科　　属：蔷薇科　木瓜属

　　植物类型：落叶灌木

　　典型特征：单叶卵形互生，叶下有肾形托叶，叶缘具锯齿，花先叶开花或花叶同放。

　　典型习性：阳性树种，对土壤要求不严，萌生力强，耐修剪，花期3—4月，果期9—10月。

　　园林用途：草坪边缘、树丛周围、庭园四周，池畔溪边，做花篱等。

　　地理位置：全国各地均有栽培。

图 5.3.5　贴梗海棠

6. 紫叶小檗

初见紫叶小檗，因其名字而印象深刻，紫叶小檗不及它名字这般复杂，花朵朴素而低调，垂于叶下，内敛含蓄，隐约透露着东方女子的音韵（图5.3.6）。

　　学　　名：紫叶小檗

　　别　　称：红叶小檗

　　拉 丁 名：*Berberis thunbergii var. atropurpurea Chenault*

　　科　　属：小檗科　小檗属　日本小檗变种

　　植物类型：落叶灌木

　　典型特征：叶全缘，倒卵形，深紫色或红色，在短枝上簇生。

　　典型习性：阳性树种，耐修剪，对土壤要求不严，花期4月，果期9—10月。

　　园林用途：花篱，花坛镶边、点缀岩石间池畔、模纹绿篱等。

　　地理位置：华东、华北地区。

图 5.3.6　紫叶小檗

7. 紫荆

紫荆一直是家庭和美、骨肉情深的象征，后来逐渐演化为兄弟分而复合的兄弟之情（图 5.3.7）。

学　　　名：紫荆

别　　　称：满条红、箩筐树

拉 丁 名：*Cercis chinensis Bunge*

科　　　属：豆科　紫荆属

植物类型：丛生灌木

典型特征：高 2～4m，叶近圆形，先端骤尖，基部心形。

典型习性：阳性树种，忌水湿，萌蘖性强，耐修剪，耐寒，花期 3—4 月，果期 8—10 月。

园林用途：庭院、公园、道路绿化带等作为点景树。

地理位置：黄河流域及以南地区。

图 5.3.7　紫荆

8. 金丝桃

在苏格兰，传说在窗户上挂这种"草"，可以消灾，所以金丝桃的花语是"迷信"（图 5.3.8）。

学　　　名：金丝桃

别　　　称：土连翘

拉 丁 名：*Hypericum monogynum L.*

科　　　属：藤黄科　金丝桃属

植物类型：半落叶灌木

典型特征：叶对生，长圆形，中脉明显，全缘，基部渐窄略抱茎。

典型习性：半阳性树种，喜温暖湿润气候，较耐寒，花期6月，果期8—9月。

园林用途：花篱庭院、花镜材料。

地理位置：黄河流域及以南地区。

图 5.3.8　金丝桃

9. 连翘

连翘早春花先叶开放，满枝金黄夺目，俗称一串金（图 5.3.9）。

学　　名：连翘

别　　称：黄花杆

拉 丁 名：*Forsythia suspensa*（*Thunb.*）*Vahl*

科　　属：木犀科　连翘属

植物类型：落叶灌木

典型特征：干丛生，枝开展拱形下垂，小枝黄褐色，皮孔明显，髓中空，花先叶开放。

典型习性：半阳性树种，怕涝，不择土壤，根系发达，花期3—5月，果期7—9月。

园林用途：草坪、角隅、岩石假山下作花篱，丛植于堤岸两侧作花篱等。

图 5.3.9　连翘

地理位置：除华南地区外，其他各地均有。

10. 迎春

因其在百花之中开花最早，花后即迎来百花齐放的春天而得名（图 5.3.10）。

学　　　名：迎春

别　　　称：金腰带、黄素馨

拉 丁 名：*Jasminum nudiflorum Lindl.*

科　　　属：木犀科　素馨属

植物类型：落叶灌木

典型特征：三出复叶对生，小叶卵状椭圆形全缘，枝条绿色，截面四棱形，花 5 瓣长喇叭状。

典型习性：半阳性树种，怕涝，对土壤要求不严，根部萌发力很强，花期 3—5 月。

园林用途：湖边、溪畔、桥头等地作花篱材料。

地理位置：北部、西北、西南地区。

图 5.3.10　迎春

11. 绣线菊

绣线菊抗寒、抗旱能力强，修剪之后又会很努力地生长出新的枝叶来，绣线菊就是依靠这种努力、顽强让美丽的花朵延长时间的，因此绣线菊具有祈福、努力的象征意义（图 5.3.11）。

学　　　名：绣线菊

别　　　称：柳叶绣线菊、珍珠梅

拉 丁 名：*Spiraea Salicifolia L.*

图 5.3.11　绣线菊

科　　属：木兰科　木兰属

植物类型：落叶灌木

典型特征：叶长圆状披针形，先端急尖或渐尖，叶缘为重锯齿。

典型习性：阳性树种，喜温暖湿润的气候和深厚肥沃的土壤，萌芽力均强，耐修剪，花期6—8月；果期8—9月。

园林用途：庭院、草坪等地花篱。

地理位置：西北、华东、西南地区。

12. 杜鹃

我国杜鹃花的栽培历史，至少已有1000多年的历史，杜鹃品种繁多，花色艳丽。当春季杜鹃花开放时，满山鲜艳，像彩霞绕林，被人们誉为"花中西施"，中国十大名花之一。长沙、无锡、九江、镇江、大理、嘉兴等城市市花（图5.3.12）。

学　　名：杜鹃花

别　　称：映山红

拉　丁　名：*Rhododendron simsii Planch.*

科　　属：杜鹃花科　杜鹃花属

植物类型：常绿灌木

典型特征：叶纸质，椭圆状卵形，春叶较短，夏叶较长，顶端锐尖，叶面有疏糙伏毛。

典型习性：半阳性树种，喜酸性土壤，喜凉爽、湿润、通风的半阴环境，既怕酷热又怕严寒，花期3—5月，果期10—11月。

园林用途：林缘、岩石旁等地成丛片植，也作花篱。

地理位置：长江流域及以南地区。

图 5.3.12　杜鹃

13. 锦带花

"锦"在中文中就是鲜艳华美的意思，锦带花，自然也在"锦"的带领下鲜艳华美，花语寓意着前程似锦、绚烂和美丽（图5.3.13）。

学　　名：锦带花

别　　称：五色海棠、山脂麻

拉　丁　名：*Weigela florida（Bunge）A．DC.*

科　　属：忍冬科　锦带花属

植物类型：落叶灌木

典型特征： 叶卵状椭圆形，端锐尖，叶缘有锯齿，表面脉上有毛，花 5 瓣长喇叭状。

典型习性： 阳性树种，怕水涝，生长迅速，对氯化氢抗性强，花期 4—6 月，果期 10 月。

园林用途： 庭院墙隅、湖畔群植，也可作花篱丛植等，也可点缀于假山、坡地等。

地理位置： 长江流域及以北地区。

图 5.3.13　锦带花

14. 结香

结香被称作中国的爱情树，据说恋爱中的人，若要得到长久的甜蜜爱情和幸福，只要在结香的枝上打两个同向的结，这个愿望就能实现。结香象征意义具有"喜结连枝"之意（图 5.3.14）。

学　　名： 结香

别　　称： 打结花

拉 丁 名： *Edgeworthia chrysantha*

科　　属： 瑞香科　结香属

植物类型： 落叶灌木

典型特征： 叶在花前凋落，长椭圆形，先端短尖，两面均被银灰色绢状毛、枝干多皮孔和节痕。

典型习性： 半阴性树种，不耐寒，不耐水湿，以排水良好的肥沃壤土生长较好，花期 1—3 月，果期 5—7 月。

园林用途： 植于庭前、路旁、水边等。

图 5.3.14　结香

地理位置：中南及长江流域以南各省。

15. 蜡梅

蜡梅是我国特产的名贵花木，在百花凋零的隆冬绽放，斗寒傲霜，表现了中华民族在强暴面前永不屈服的性格，给人一定的精神启迪（图 5.3.15）。

学　　名：紫玉兰

别　　称：干枝梅

拉 丁 名：*Chimonanthus praecox（Linn.）Link*

科　　属：蜡梅科　蜡梅属

植物类型：落叶灌木

典型特征：叶椭圆形，先端渐尖，叶近全缘，叶面较粗糙，先花后叶。

典型习性：阳性树种，喜深厚排水良好的土壤，耐修剪，易整形，花期 11 月至次年 3 月。

园林用途：建筑物周边、庭前屋后、公园、绿地等点景树木。

地理位置：长江流域及西南地区。

图 5.3.15　蜡梅

16. 木芙蓉

木芙蓉又名木莲，因花"艳如荷花"而得名；又名醉芙蓉，因花色朝白暮红而得名；又名断肠草，因花朵有毒，相传毒死了炎帝神农氏而得名（图 5.3.16）。

图 5.3.16　木芙蓉

学　　名：木芙蓉

别　　称：芙蓉花、木莲

拉　丁　名：*Hibiscus mutabilis*

科　　属：锦葵科　木槿属

植物类型：落叶灌木

典型特征：小枝密被星状毛，叶卵圆状心形；花单生萼钟形，蒴果扁球形，被淡黄色刚毛。

典型习性：半阳性树种，耐修剪，对土壤要求不严；花期8—11月不间断开放。

园林用途：庭院、坡地、路边、林缘及建筑物周边作点景材料等。

地理位置：黄河流域至华南各省。

17. 野蔷薇

野蔷薇花具有诗人般的气质，因此它的花语是"浪漫"，野蔷薇习性强健，寓意健康长寿，生命力旺盛，别墅庭院绿化优选植物（图5.3.17）。

学　　名：野蔷薇

别　　称：多花蔷薇

拉　丁　名：*Rosa multiflora Thunb.*

科　　属：蔷薇科　蔷薇属

植物类型：落叶灌木

典型特征：枝细长上升或蔓生，有皮刺，羽状复叶，边缘具锐锯齿有柔毛，小叶5～9枚，花有重瓣和单瓣花。

典型习性：阳性树种，耐寒、对土壤要求不严，耐瘠薄，忌低洼积水，花期4—5月。

园林用途：花架、长廊、假山石壁的垂直绿化等。

地理位置：华北、华中、华东、华南及西南各地区。

图5.3.17　野蔷薇

18. 月季

月季是中国十大名花之一，被称为花中皇后，而且有一种坚韧不屈的精神，花香悠远，作为幸福、美好、和平、友谊的象征，美国、意大利、卢森堡、伊拉克、叙利亚等多国国花，北京、天津等几十个城市市花（图5.3.18）。

学　　名：月季

别　　称：月月红

拉　丁　名：*Rosa chinensis Jacq.*

科　　　属：蔷薇科　蔷薇属

植物类型：落叶灌木

典型特征：小枝粗壮圆柱形，有短粗的钩状皮刺；奇数羽状复叶小叶 3～5 枚，小叶片宽卵形，先端渐尖，边缘有锐锯齿。

典型习性：阳性树种，耐寒耐旱，对土壤要求不严，吸收有毒气体的能手；花期 4—9 月；果期 6—11 月。

园林用途：花坛、专类园材料，花篱、刺篱垂直绿化好材料。

地理位置：南北均有分布。

图 5.3.18　月季

19. 牡丹

牡丹花花型宽厚，被拥戴为花中之王，国色天香的美称，有圆满、浓情、富贵、雍容华贵之意，它雍容华贵，端妍富丽，是吉祥昌荣的象征；为中国国花，洛阳、菏泽、铜陵、宁国市、牡丹江市的市花，每年 4 月 11 日到 5 月 5 日为"中国洛阳牡丹文化节"（图 5.3.19）。

图 5.3.19　牡丹

学　　　名：牡丹

别　　　称：富贵花

拉　丁　名：*Paeonia suffruticosa Andrews*

科　　　属：芍药科　芍药属

植物类型：落叶灌木

典型特征：二回三出复叶，阔卵状长椭圆形，先端3.5裂，叶背粗糙有白粉，叶缘浅裂，多三角。

典型习性：阳性树种，耐寒，耐干旱，耐弱碱，忌积水，花期3—4月，果期9—10月。

园林用途：建立专类园或点景材料。

地理位置：主要分布于黄河中、下游地区。

20. 花椒

古代人认为花椒的香气可辟邪，花椒树果实累累，是子孙繁衍的象征（图5.3.20）。

学　　名：花椒

别　　称：秦椒、蜀椒

拉　丁　名：*Zanthoxylum bungeanum Maxim.*

科　　属：芸香科　花椒属

植物类型：落叶灌木或小乔木

典型特征：茎干上的刺常早落，枝有短，小叶对生。

典型习性：阳性树种，萌芽力强，故耐强修剪，不耐涝，适宜温暖湿润及土层深厚肥沃壤土，花期4—5月，果期8—9月。

园林用途：防护刺篱。

地理位置：主要分布于黄河中、下游地区。

图5.3.20　花椒

21. 夹竹桃

夹竹桃因为茎部像竹，花朵像桃，因而得名，它是夹竹桃属中唯一的品种，夹竹桃朴实，但并不好欺，它的叶、花和树皮都有剧毒，因此称为断肠花（图5.3.21）。

学　　名：夹竹桃

别　　称：柳叶桃、断肠花

拉　丁　名：*ium indicum Mill.*

科　　属：夹竹桃科　夹竹桃属

植物类型：常绿直立大灌木

典型特征：高达5m，枝条灰绿色，聚伞花序顶生。

典型习性：阳性树种，不耐寒，耐旱，抗烟尘及有毒气体能力强，对土壤适应性强，花期6—10月。

园林用途：背景树、高绿篱。

地理位置：我国长江以南各地均有分布。

图 5.3.21　夹竹桃

【知识拓展】

花 灌 木 的 修 剪 原 则

夏季花灌木种植前应加大修剪量，剪掉植物本身二分之一到三分之一数量的枝条以减少叶面呼吸和蒸腾作用，一些低矮的灌木为了保持植株内高外低、自然丰满的圆球形达到通透光的目的，可在种植后修剪，一些种植模块的小型灌木为了整体美观也可种植后修剪。修剪应遵循下列原则：

（1）对冠丛中的病枯枝、过密枝、交叉枝、重叠枝应从基部疏剪掉。对有主干的灌木如碧桃、连翘、紫薇等移栽时要将从根部萌发的蘖条齐根剪掉从而避免水分流失。

（2）对根蘖发达的丛生树种如黄刺梅、玫瑰、珍珠梅、紫荆等应多疏剪老枝使其不断更新旺盛生长。

（3）早春在隔年生枝条上开花的灌木如榆叶梅、碧桃、迎春、金银花等，为提高成活率避免开花消耗养分，需保留合适的3～5条主枝，其余的疏去。

（4）夏季在当年生枝条开花的灌木如紫薇、木槿、玫瑰、月季、珍珠梅等移栽后应重剪。对观叶、观枝类花灌木如金叶女贞、大叶黄杨、红瑞木等也应栽后重剪。

（5）既观花又观果的灌木如金银木、水苟子等仅剪去枝条的四分之一至三分之一。

（6）对于一些珍贵灌木树种如紫玉兰等，应于移栽后把花蕾摘掉并将枝条适当轻剪保证苗木的成活。

【实训提纲】

1. 实训目标

（1）能够识别常见的灌木植物，并能熟悉其习性及应用。

（2）掌握工具书的使用方法。

（3）熟悉常见的灌木植物 20 种，并掌握其专业术语及植物的文化内涵。

2. 实训内容

（1）通过观察，区分灌木植物的不同类型，了解其在园林绿化工程中的应用。

（2）通过资料查阅熟悉常见灌木植物的分类地位、栽培特性及应用形式。

3. 考核评价

（1）出勤率（10％）。

（2）平时表现（20％）。

（3）文字表现（30％）。

（4）组合形式（40％）。

第6章 花 卉

> **主要内容：**
>
> 花卉是园林绿化的骨干材料，本章将介绍具有代表性的一年生花卉、二年生花卉、球根花卉、宿根花卉的学名、拉丁名、科属、植物特性与分布、应用与文化。
>
> **学习目标：**
>
> 能够正确识别常见的花卉 30 种，并掌握其专业术语及植物文化内涵，熟悉花卉在园林绿化工程中的应用形式。

6.1 一年生花卉

一年生花卉（annual plant）指在一个生长季内完成全部生活史的花卉。一般春季播种，夏季开花结实，入冬前死亡，故又称春播花卉。如鸡冠花、百日草、半枝莲、凤仙花、万寿菊、翠菊、波斯菊等。另外园艺上部分多年生草本花卉一般也作一年生来栽培，如一串红、矮牵牛、金鱼草、紫茉莉、藿香蓟、旱金莲等。

一年生花卉一般不耐寒，多为短日性花卉，依其对温度的要求不同可分为三种类型，即耐寒、半耐寒和不耐寒型。耐寒型花卉多产于温带，可耐轻霜冻，在低温下还可以继续生长。半耐寒型花卉遇霜冻受害甚至死亡。不耐寒型花卉一般原产于热带地区，不耐霜冻。

6.2 二年生花卉

二年生花卉（biennial plant）指在两个生长季内完成生活史的花卉。一般秋季播种后第一年仅形成营养器官，次年春、夏季开花结实后死亡，故又称秋播花卉。典型的二年生花卉如美国石竹、紫罗兰、桂竹香、风凌草等，另有部分多年生草本花卉亦作二年生栽培，如蜀葵、三色堇、瓜叶菊、雏菊、金盏菊等。

二年生花卉的耐寒能力一般较强，部分可耐 0℃ 以下的低温，但不耐高温，多为长日性花卉。

6.3 宿根花卉

宿根花卉（perennials）是指地下器官形态未变态成球形或块状的多年生草本花卉。在实际生产中把一些基部半木质化的亚灌木也归为此类花卉。如菊花、芍药等。

具有多年存活的地下部，多数种类具有不同粗壮程度的主根、侧根和须根。主根和侧根可以存活多年，由根颈部的芽每年萌发形成新的地上部开花、结实，如芍药、玉簪、飞燕草等。也有一些种类的地下部可以继续横向延伸形成根状茎，根茎上着生须根和芽，每年由新芽形成地上部开花、结实，如荷包牡丹、鸢尾等。

宿根花卉一般采用分株繁殖的方式，有利于保持品种特性，一次种植多年观赏简化了种植手续，是宿根花卉在园林花坛、花境、花丛、花带、地被中被广为应用的主要原因。由于生长年限较长，植株在原地不断扩大占地面积，因此在栽培管理中需要预留出适宜的空间。

6.4 球根花卉

球根花卉指植株地下部分变态膨大，有的在地下形成球状物或块状物，大量贮藏养分的多年生草本花卉。

球根花卉种类繁多，品种极为丰富，花大色艳、色彩丰富，适应性强，栽培容易、管理简便，且以球根作种源交流便利、花期容易调节，目前被广泛应用于花坛、花境、花带、岩石园中，或作地被、基础种植等园林布置，也是商品切花和盆花的优良材料。

球根花卉易受病毒侵染，从而导致种球退化，使开花质量明显下降，因此必须进行土壤消毒及轮作，或更换种球。另外，球根花卉一次性种球投入较大，许多球根花卉由于在中国种植历史短，缺乏栽培技术，加之这些球根花卉对本地区的生态不能很好地适应，容易导致种性的退化。

6.5 常见花卉

1. 金鸡菊

金鸡菊积极勇敢地展示自己的美丽，对环境要求不高，不仅是青春的写照，更暗示青年要自强不息、提高抗挫能力。因此金鸡菊具有金鸡报晓、闻鸡起舞之说，表达的是祥瑞和对勤奋的赞美（图6.5.1）。

学　　名：金鸡菊

别　　称：小波斯菊

拉 丁 名：*Coreopsis drummondii Torr. et Gray*

科　　属：菊科　金鸡菊属

植物类型：多年生宿根草本

典型特征：叶片多对生，稀互生、全缘、浅裂。花多为单生，花为宽舌状，呈黄、棕或粉色。

典型习性：半阳性草本，对土壤要求不严，适应性强，对二氧化硫有较强的抗性。

园林用途：是极好的疏林地被、花镜材料、屋顶绿化覆盖材料等。

地理位置：主要分布于华北、华东地区。

图6.5.1　金鸡菊

2. 波斯菊

波斯菊的花语是纯真并永远快乐（图 6.5.2）。

学　　名：波斯菊

别　　称：秋英、扫帚梅

拉 丁 名：*Cosmos bipinnatus Cav.*

科　　属：菊科　秋英属

植物类型：一年生草本植物

典型特征：茎纤细而直立，头状花序顶生或腋生，花径 10cm，先端有小缺刻，花色丰富。

典型习性：阳性草本，花期从 6 月至霜降，喜排水良好的砂质土壤，肥水过多则茎叶徒长而易倒伏，忌大风，宜种背风处。

园林用途：花镜、草地边缘、树丛周围、路旁成片栽植。

地理位置：各地均有分布，华东地区最为适宜。

图 6.5.2　波斯菊

3. 金光菊

金光菊金光闪闪，璀璨夺目，代表一种年轻自由奔放的力量，像初升太阳闪耀的光芒，是青春的无限活力和勇气，具有生机勃勃，自由活泼的象征意义（图 6.5.3）。

学　　名：金光菊

别　　称：黑眼菊

图 6.5.3　金光菊

拉 丁 名：*Rudbeckia laciniata L.*

科　　属：菊科　金光菊属　松果菊的变种

植物类型：多年生草本植物

典型特征：株高可达 2m，多分枝，枝叶粗糙，全株被粗毛，叶片较宽，基部叶羽状分裂，边缘具稀锯齿，花径 10～15cm。

典型习性：阳性草本，花期 5—10 月，对土壤要求不严，但忌水湿，在排水良好、疏松的沙质土中生长良好。

园林用途：庭园布置，花坛、花境材料，亦宜草地边缘自然式栽植。

地理位置：我国各地常见栽培。

4. 松果菊

松果菊印第安语为"守护之神"，北美印第安人把松果菊视为"救命草""百病之草""不老草"（图6.5.4）。

学　　名：松果菊

别　　称：紫锥菊，紫松果菊

拉 丁 名：*coneflower*

科　　属：菊科　松果菊属

植物类型：多年生草本植物

典型特征：株高 0.5～1.5m，茎直立，叶柄基部稍抱茎，花径达 10cm，舌状花紫红色，管状花橙黄色。

典型习性：阳性草本，花期 6—7 月，喜肥沃、深厚、富含有机质的土壤。

园林用途：背景栽植或作花境、坡地、切花材料等。

地理位置：西北、华中等地区。

图 6.5.4　松果菊

5. 黑心菊

黑心菊花心隆起，紫褐色，周边瓣状小花金黄色。花心有橄榄绿的"爱尔兰眼睛"，及花序径大至15cm 的四倍体，花色除黄色外，还有红色和双色（图 6.5.5）。

学　　名：黑心菊

别　　称：黑眼菊、黑心金光菊

拉 丁 名：*Rudbeckia hirta L.*

科　　属：菊科　金光菊属

植物类型：一、二年生草本植物

典型特征：株高 0.6～1m，茎较粗壮，头状花序 8～9cm，花心隆起，紫褐色，花瓣舌状金黄色，有时有棕色黄带，管状花暗棕色。

典型习性：阳性草本，花期 6—10 月，一般土壤均可栽培，露地越冬，能自播繁殖。

园林用途：公路绿化、花坛花境、草地边植、庭院绿化、切花材料。

地理位置：西北、华中等地区。

图 6.5.5　黑心菊

6. 天人菊

天人菊的花语是团结、同心协力（图 6.5.6）。

学　　名：天人菊

别　　称：虎皮菊

拉　丁　名：*Gaillardia Pulchella Foug.*

科　　属：菊科　天人菊属

植物类型：一年生草本植物

典型特征：株高 0.2～0.6m，全株被柔毛，叶互生细长形，全缘或基部叶羽裂，舌状花先端黄色，基部褐红色，盆心筒状花发育成漏斗状。

典型习性：半阳性草本，花期 5—10 月，排水良好的疏松土壤，防风固砂植物，能自播繁殖。

园林用途：花坛、花丛、花境、树坛。

地理位置：华中、华南各地区。

图 6.5.6　天人菊

7. 勋章菊

勋章菊整个花序如勋章，故名勋章菊，勋章菊的花语是"光彩、荣耀、我为你骄傲"（图6.5.7）。

学　　名：勋章菊

别　　称：勋章花　非洲太阳花

拉 丁 名：*Gazania rigens*

科　　属：菊科　勋章菊属

植物类型：多年生宿根草本植物

典型特征：叶丛生，叶背白绵毛，花单头，花径7～8cm，舌状花白、黄、橙红色，有光泽，花白天开放，晚上闭合，一朵花的花期能持续10天左右。

典型习性：阳性草本，花期4—6月，耐旱，稍耐寒，耐贫瘠土壤。

园林用途：布置花坛、花境或片植于草缘、石间等。

地理位置：全国各地。

图 6.5.7　勋章菊

8. 亚菊

亚菊是观花观叶喜光地被植物，适宜布置花坛、花境、岩石园，或草坪中片植，或作为地被、路边、林缘镶边等（图6.5.8）。

学　　名：亚菊

别　　称：千花亚菊

图 6.5.8　亚菊

拉 丁 名：*Ajania pallasiana*

科　　属：菊科　亚菊属

植物类型：多年生草本植物

典型特征：高 0.3～0.6m，茎直立，叶互生，羽状或掌式羽状分裂为 5 裂，两面异色，上面绿色，下面灰白色，叶缘银白色，花小花多黄色。

典型习性：阳性草本，花期 7—9 月，适应性强，抗热，也较耐寒。

园林用途：地被植物。

地理位置：华北、东北、西北、华中、西南等地区。

9. 银叶菊

银叶菊的分支能力强，在旺盛的生长期间，短短数周就能够形成气候，这种丛生状的银叶菊的花语是"收获"。在新居中摆上这么一盆茂盛的银叶菊，它生机勃勃的长势，相信是很能打动居者的吧！（图 6.5.9）。

学　　名：银叶菊

别　　称：雪叶菊

拉 丁 名：*Senecio cineraria*

科　　属：菊科　千里光属

植物类型：多年生草本植物

典型特征：高 0.5～0.8m，叶匙形或羽状裂叶，正反面均被银白色柔毛，叶片质较薄，缺裂，如雪花图案，头状花序单生枝顶，花小、黄色。

典型习性：阳性草本，花期 6—9 月，适应性强，抗热，也较耐寒。

园林用途：地被植物。

地理位置：华北、东北、西北、华中、西南等地区。

图 6.5.9　银叶菊

10. 堆心菊

堆心菊花朵盛开时花心层层叠叠，形成小丘状的隆起，故名堆心菊。而周边黄绿色的管状花像翅膀一样环绕在花心周围，故得别名翼锦鸡菊（图 6.5.10）。

学　　名：堆心菊

别　　称：翼锦鸡菊

拉 丁 名：*Helenium autumnale L.*

科　　属：菊科　堆心菊属

植物类型：一、二年生花卉

典型特征：株高 0.3～1m 左右，叶阔披针形，头状花序生于茎顶，舌状花柠檬黄色，花瓣阔，先端有缺刻，管状花黄绿色。

典型习性：阳性草本，花期 7—10 月，果熟期 9 月，抗寒耐旱，不择土壤。

园林用途：花坛镶边、花境布置、地被、树池绿化、岩间。

地理位置：原产于北美洲，分布于美国及加拿大。

图 6.5.10　堆心菊

11. 雏菊

雏菊的花语是"纯洁的美、天真、幼稚、愉快、幸福、和平、希望"以及"深藏在心底的爱"，意大利国花（图 6.5.11）。

学　　名：雏菊

别　　称：延命菊　春菊

拉 丁 名：*Bellis perennis Linn.*

科　　属：菊科　雏菊属

植物类型：多年生草本作一、二年生花卉栽培

典型特征：株植株低矮，株高 7～20cm，头状花序单生，直径 5cm，舌状花为条形，花色丰富，通常每株抽花 10 朵左右。

典型习性：阴性草本，花期 3—5 月，以疏松肥沃、湿润、排水良好的砂质土壤为好，对有毒的气体有一定的抗性。

园林用途：花带和花境。

地理位置：中国各地。

图 6.5.11　雏菊

12. 金盏菊

金盏菊富丽堂皇，色彩艳丽，它的花语是"悲哀、惜别、迷恋、失望、离别之痛"。金盏菊同时也象征着高洁的情怀，是君子的象征（图6.5.12）。

学　　名：金盏菊

别　　称：金盏花

拉 丁 名：*Calendula officinalis*

科　　属：菊科　金盏菊属

植物类型：二年生草本植物

典型特征：植株矮生、密集，叶互生，长圆倒卵形，头状花序单生，花径约10cm，花总梗粗壮，金黄或橘黄色，筒状花，黄色或褐色。

典型习性：阴性草本，花期12月至次年6月，对有毒的气体有一定的抗性。

园林用途：草坪的镶边卉，春季花坛。

地理位置：世界各地。

图6.5.12　金盏菊

13. 万寿菊

寓有吉祥之意的万寿菊，早就被人们视为敬老之花，特别是老年人寿辰，人们往往都以万寿菊作礼品馈赠，以示健康长寿（图6.5.13）。

学　　名：万寿菊

别　　称：臭芙蓉、蜂窝菊

拉 丁 名：*Tagetes erecta L*.

图6.5.13　万寿菊

科　　属：菊科 万寿菊属

植物类型：一年生草本植物

典型特征：茎粗壮有细棱线，叶对生或互生羽状深裂，全叶有臭味，舌状花黄色或暗橙色，顶端微弯缺，管状花花冠黄色。

典型习性：半阴性草本，花期6—10月，生长迅速，栽培容易，病虫害少，吸收氟化氢和二氧化硫等有害气体。

园林用途：花坛、花境、花丛、切花。

地理位置：世界各地。

14. 翠菊

翠菊花型多样，开花丰盛，花期颇长，是国内外园艺界非常重视的观赏植物（图6.5.14）。

学　　名：翠菊

别　　称：七月菊、江西腊

拉 丁 名：*Callistephus chinensis*（L.）*Nees*

科　　属：菊科　翠菊属

植物类型：一、二年生草本植物

典型特征：高20～100cm，叶互生，卵形至椭圆形，具有粗钝锯齿。头状花序单生于茎顶，花径15cm，舌状花单瓣或重瓣，颜色丰富、深浅不一。

典型习性：阴性草本，秋播花期为次年5—6月，春播花期为当年7—10月，耐热力、耐寒力均较差，在肥沃沙质土壤。

园林用途：广场、毛毡花坛或花坛镶边、花境、菊花专类园等，盆栽和庭园观赏。

地理位置：吉林、辽宁、河北、山西、山东、云南以及四川等地。

图6.5.14　翠菊

15. 白晶菊

"四面云屏一带天，是非断得自翛然。此生只是偿诗债，白菊开时最不眠。"这首诗里的白菊指的就是白晶菊（图6.5.15）。

学　　名：白晶菊

别　　称：小白菊

拉 丁 名：*Chrysanthemum paludosum*

科　　属：菊科　茼蒿属

植物类型：一、二年生草本花卉

典型特征：株高15～25cm，叶互生，羽状深裂。头状花序顶生，盘状，边缘舌状花银白色，中央筒状花金黄色，花径 4cm。

典型习性： 半阳性草本，花期 2—6 月，适应性强，不择土壤，但宜种植在疏松、肥沃、湿润的砂质壤土中。

园林用途： 花坛、庭院，地被花卉片植。

地理位置： 原产于北非、西班牙。

图 6.5.15　白晶菊

16. 百日草

百日草花期长，长期保持鲜艳的色彩，象征友谊天长地久。百日草第一朵花开在顶端，侧枝顶端开花总比第一朵开得更高，一朵更比一朵高，所以又称"步步高"，激发人的上进心（图 6.5.16）。

学　　　名：百日草

别　　　称：节节高、步步高

拉　丁　名：*Zinnia elegans Jacq.*

科　　　属：菊科　百日草属

植物类型：一年生草本植物

典型特征： 株高 15～100cm，叶对生，全缘，长椭圆形，头状花序单生枝顶，花径 4～15cm，舌状花除蓝色以外的各种花色都有，花型变化多端。

典型习性： 阳性草本，花期 6—10 月，略耐高温，稍耐干旱瘠薄，喜肥沃深厚的土壤。

园林用途： 花坛、花境、花带。

地理位置： 中国各地。

图 6.5.16　百日草

17. 孔雀草

孔雀草花朵有日出开花、日落紧闭的习性，也曾经成为"太阳花"，它以向旋光性方式生长，因此它的花语是"晴朗的天气"，寓意为"爽朗、活泼"（图 6.5.17）。

学　　名：孔雀草

别　　称：小万寿菊

拉 丁 名：*Tagetes patula L.*

科　　属：菊科、万寿菊属

植物类型：一年生草本植物

典型特征：高 30～100cm，茎直立，叶羽状分裂，头状花序单生，花径 4cm，舌状花金黄色或橙色，带有红色斑，舌片顶端微凹。

典型习性：阳性草本，花期 5—10 月，适应性极强，生长迅速，从播种到开花仅需 70 天左右。

园林用途：花坛边缘或花丛、花境。

地理位置：中国各地。

图 6.5.17　孔雀草

18. 三色堇

因花有三种颜色对称地分布在五个花瓣上，构成的图案形同猫面，故又名"猫儿脸"。又因整个花被风吹动时，如翻飞的蝴蝶，所以又名"蝴蝶花"（图 6.5.18）。

学　　名：三色堇

别　　称：猫儿脸、蝴蝶花、人面花

拉 丁 名：*Viola tricolor L.*

图 6.5.18　三色堇

科　　属：堇菜科 堇菜属

植物类型：一、二年生或多年生草本

典型特征：茎高 10～40cm，全株光滑，地上茎较粗，直立或稍倾斜，花径 4～12cm，通常每花有紫、白、黄三色，花瓣 5 枚。

典型习性：半阳性草本，花期冬春季，要求肥沃湿润的黏质土壤，开花受光照影响较大。

园林用途：模纹花坛，盆栽观赏。

地理位置：中国各地。

19. 角堇

角堇花语——沉思、请想念我（图 6.5.19）。

学　　名：角堇

别　　称：小三色堇

拉 丁 名：*Viola cornuta*

科　　属：堇菜科 堇菜属

植物类型：多年生草本

典型特征：株高 10～30cm，茎较短而直立，花径 4cm，三色堇是角堇的 2～3 倍，园艺品种较多，花朵繁多，颜色丰富。

典型习性：半阳性草本，花期冬春季，耐寒性强，日照影响较大。

园林用途：花坛，大面积地栽而形成独特的园林景观。

地理位置：中国各地。

图 6.5.19　角堇

20. 矮牵牛

红蓼黄花取次秋，篱笆处处碧牵牛。

风烟入眼俱成趣，只恨田家岁薄收（图 6.5.20）。

学　　名：矮牵牛

别　　称：矮喇叭、碧冬茄

拉 丁 名：*Petunia hybrida Vilm*

科　　属：茄科　矮牵牛属

植物类型：一、二年生花卉

典型特征：株高 20～45cm，茎匍地生长，被有黏质柔毛，叶质柔软卵形，全缘，互生和对生，花单生，呈漏斗状，花茎 18cm，花色丰富。

典型习性：阳性草本，花期4月至降霜，宜用疏松肥沃和排水良好的砂壤土。

园林用途：花坛、花槽、模纹花坛、花台、花箱、吊盆，窗台装饰。

地理位置：中国各地。

图6.5.20　矮牵牛

21. 金鱼草

金鱼草的花瓣像是卖萌的小金鱼，寓意有金有余，繁荣昌盛，是一种寓意吉祥的花卉，深受花友的喜爱（图6.5.21）。

学　　名：金鱼草

别　　称：龙头花、狮子花

拉丁名：*Antirrhinum majus* L.

科　　属：玄参科　金鱼草属

植物类型：多年生草本

典型特征：株高20～70cm，叶片长圆状披针形，总状花序，花冠筒状唇形，基部膨大成囊状，上唇直立2裂，下唇3裂，开展外曲，颜色丰富。

典型习性：半阳性草本，花期春秋两季，适生于疏松肥沃、排水良好的土壤，在石灰质土壤中也能正常生长。

园林用途：花坛、花境，高生可作背景种植，矮生宜植岩石园或窗台花池，或边缘种植。

地理位置：中国各地。

图6.5.21　金鱼草

22. 萱草

萱草生堂阶，游子行天涯。慈母依堂前，不见萱草花。深深地表达了母亲对孩子的思念，忘却烦忧（图6.5.22）。

学　　名：萱草

别　　称：黄花菜、忘忧草

拉 丁 名：*Hemerocallis fulva*（*L.*）*L.*

科　　属：百合科　萱草属

植物类型：多年生宿根花卉

典型特征：叶基生，长带状，排成两列，长可达80cm，花茎高出叶丛，高可达1m左右，圆锥花序，一个花茎着花6～12朵，橘红色至橘黄色。

典型习性：半阳性草本，花期5—7月，对土壤的适应性强，喜深厚、肥沃、湿润及排水良好的砂质土壤。

园林用途：花境。

地理位置：中国各地。

图 6.5.22　萱草

23. 鸢尾

东南亚关于鸢尾的传说就像是童话，几百万年前，只有热带密林中才有鸢尾，它们太美丽了，不仅飞禽走兽和蜜蜂爱恋它们，连轻风和流水都要停下来欣赏。以色列人则普遍认为黄色鸢尾是"黄金"的象征，故有种植鸢尾的风俗，盼望能带来财富（图6.5.23）。

学　　名：鸢尾

别　　称：蓝蝴蝶、扁竹花

拉 丁 名：*Iris tectorum Maxim.*

科　　属：鸢尾科　鸢尾属

植物类型：多年生宿根花卉

典型特征：植株低矮，地下部有粗短匍匐状根茎，叶剑形淡绿色，薄纸质，中央有鸡冠状突起，白色带紫纹，蒴果长椭圆形。

典型习性：半阳性草本，花期4—5月，适宜富含腐殖质、略带碱性的黏性土壤，也可生于沼泽地或潜水中。

园林用途：花坛、花境、地被植物。

地理位置：原产我国中部，现分布世界各地。

图 6.5.23　鸢尾

24. 美女樱

美女樱的花儿总是簇拥成团，紧紧抱在一起，就像相知相守的一家人，因此美女樱的花语是"相守、家庭和睦"（图 6.5.24）。

学　　　名：美女樱

别　　　称：铺地马鞭草、五色梅

拉 丁 名：*Verbena hybrida Voss*

科　　　属：马鞭草科　马鞭草属

植物类型：多年生草本

典型特征：全株有细绒毛，植株丛生而铺覆地面，茎四棱，叶对生，穗状花序顶生，密集呈伞房状，花小而密集，花冠漏斗状，5 裂，颜色丰富。

典型习性：半阳性草本，花期 5—9 月，对土壤要求不严，但在湿润疏松肥沃的土壤中，开花更为繁茂，能自播繁衍。

园林用途：花坛、花境、花箱、花台、组盆、吊盆。

地理位置：世界各地。

图 6.5.24　美女樱

25. 凤仙花

"曲阑凤子花开后，捣入金盆瘦。银甲暂教除，染上春纤，一夜深红透……"古时候的美女都是用凤仙花来染指甲的呢！（图 6.5.25）。

学　　　名：凤仙花

别　　　称：金凤花、指甲花

拉 丁 名：*Impatiens balsamina L.*

科　　属：凤仙花科　凤仙花属

植物类型：一年生草本

典型特征：高 20～80cm，茎直立肉质，光滑有分枝，叶互生，阔披针形，缘具细齿，花单生或数朵簇生于上部叶腋，花形似蝴蝶，花色丰富。

典型习性：半阳性草本，花期 7—9 月，对土壤要求不严，喜向阳的地势和疏松肥沃的土壤，在较贫瘠的土壤中也可生长。

园林用途：花坛、花境、花丛、花群，篱边庭前。

地理位置：中国南北各地。

图 6.5.25　凤仙花

26. 石竹

中国传统名花之一，因茎具节，膨大似竹而得名。石竹花是母亲节的象征，有些国家还规定"母亲节"这一天，母亲健在的佩戴红石竹花，不在的佩戴白石竹花（图 6.5.26）。

学　　名：石竹

别　　称：洛阳花、中国石竹

拉　丁　名：*Dianthus chinensis*

科　　属：石竹科　石竹属

植物类型：多年生草本

典型特征：株高 30～40cm，膨大似竹，单叶对生，条状披针形，基部抱茎，花单生或数朵成聚伞花序，花 5 瓣，有红、粉红及白色，稍有香味，日开夜合。

典型习性：阳性草本，花期 5—9 月，可吸收二氧化硫和氯气。

图 6.5.26　石竹

园林用途：花坛、花境、花台、盆栽，岩石园和草坪边缘点缀。

地理位置：东北、西北、华北及长江流域一带。

27. 虞美人

在古代，虞美人花寓意为生离死别、悲歌。人已没，爱还在，弥而不去，终成香魂。虞姬，缟衣綦巾，窈窕淑女，硝烟改变不了青春的颜色，只要伴着项王，唯愿山高路长（图6.5.27）。

学　　名：虞美人

别　　称：丽春花

拉　丁　名：*Papaver rhoeas* L.

科　　属：罂粟科　罂粟属

植物类型：一、二年生草本

典型特征：茎直立细长，株高30～70cm，叶互生，羽状分裂，花径约6cm，花单生茎顶，花蕾开始下垂，开放时直立，蒴果杯形，顶孔裂。

典型习性：阳性草本，花期4—6月，不耐移栽，能自播，全株有毒。

园林用途：花坛、花境、片植丛植林缘草地。

地理位置：我国各地。

图6.5.27　虞美人

28. 一年蓬

"一年蓬"，一种生命力极其顽强的小家伙，夏季里开放，漫山遍野，路边河旁。它的花语是"随遇而安、知足常乐"。如果我们人类也能跟它一样，那该是一种怎样的境界啊！（图6.5.28）。

学　　名：一年蓬

别　　称：千层塔、野蒿

拉　丁　名：*Erigeron annuus*（L.）Pers.

科　　属：菊科　飞蓬属

植物类型：一年生或两年生草本

典型特征：高30～100cm，质脆，易折断，单叶互生，黄绿色，舌状花2层，白色或淡蓝色，舌片条形。

典型习性：阳性草本，花期5—8月，对土壤要求不严，干燥瘠薄的土壤也能生长。

园林用途：路边、疏林下、旷野中、山坡上。

地理位置：我国各地。

图 6.5.28　一年蓬

29. 鼠尾草

鼠尾草花语是家庭观念，据说喜欢此花的人重视贞节，为人光明磊落，属于正人君子（图6.5.29）。

学　　　名：鼠尾草

别　　　称：洋苏草

拉　丁　名：*Salvia japonica Thunb.*

科　　　属：唇形科　鼠尾草属

植物类型：多年生草本

典型特征：茎直立，高40～60cm，钝四棱形，茎下部叶为二回羽状复叶，轮伞花序6花，花序顶生，二唇形花冠，有淡红、淡紫、淡蓝至白色。

典型习性：半阳性，花期6—9月，在肥沃、深厚、排水良好的土壤上生长良好。

园林用途：花坛、林缘、路边、篱笆、灌丛边缘。

地理位置：浙江、安徽南部、江苏、江西、湖北、福建、台湾地区、广东、广西。

图 6.5.29　鼠尾草

30. 大丽花

大丽花绚丽多姿，象征大方、富丽、大吉大利，是墨西哥的国花、吉林省的省花、张家口市的市花（图6.5.30）。

学　　　名：大丽花

别　　　称：大丽菊、竺牡丹

拉 丁 名：*Dahlia pinnata Cav.*

科　　属：菊科　大丽花属

植物类型：多年生草本

典型特征：地下有巨大棒状块根，叶1～3回羽状全裂，头状花序大常下垂，花径6～12cm，有舌状花和管状花，单瓣和重瓣之分，颜色丰富。

典型习性：半阳性草本，花期6—11月，适宜栽培于土壤疏松、排水良好的肥沃沙质土壤中。

园林用途：花坛、花境，庭园丛植。

地理位置：我国各地。

图6.5.30　大丽花

31. 四季海棠

呵护、喜欢此花的你，给人一种慈爱友善的感觉，你对人总是一贯的温婉口吻。那你是不是也喜欢四季海棠呢？（图6.5.31）。

学　　名：四季海棠

别　　称：秋海棠、虎耳海棠

拉 丁 名：*Begonia semperflorens Link et Otto*

科　　属：秋海棠科　秋海棠属

植物类型：多年生草本植物

典型特征：高130cm，茎直立，肉质，叶绿色蜡质光泽。常年开花，花顶生或腋出，雌雄异花，雄花大，雌花稍小，花色丰富。

图6.5.31　四季海棠

典型习性：半阳性草本，全年能开花，但以秋末、冬、春较盛，怕热及水涝。

园林用途：花坛、立体绿化、花箱、花钵、组合盆栽、吊盆、花槽。

地理位置：中国各地。

32. 火炬花

火炬花挺拔的花茎高高擎起火炬般的花序，壮丽可观。火炬花的花语是"热情、光明、有干劲"。还有另外一种的花语是"思念之苦和爱的苦恼"。在庭院摆放两盆栽火炬花，寓意着"成双成对"（图6.5.32）。

学　　名：火炬花

别　　称：红火棒、火把莲

拉　丁　名：*Kniphofia uvaria*

科　　属：百合科　火把莲属

植物类型：多年生草本植物

典型特征：株高50～80cm，茎直立，叶线形，总状花序着生数百朵筒状小花，呈火炬形，花冠橘红色。

典型习性：半阳性草本，花期6—7月，要求土层深厚、肥沃及排水良好的砂质壤土。

园林用途：庭园，草坪、假山旁、建筑物前、混合花境。

地理位置：中国各地。

图 6.5.32　火炬花

33. 芍药

芍药被人们誉为"花仙"和"花相"，且被列为"六大名花"之一，又被称为"五月花神"，因古时芍药作为爱情之花（图6.5.33）。

学　　名：芍药

别　　称：离草

拉　丁　名：*Paeonia lactiflora Pall.*

科　　属：毛茛科　芍药属

植物类型：多年生宿根草本

典型特征：地下具粗壮肉质根，茎叶紫红色晕，二回三出羽状复叶，绿色，顶生茎上有长花梗，花径10～20cm，花色丰富。

典型习性：半阳性草本，花期4—5月，果期8—9月，宜肥沃、湿润及排水良好的砂质土壤。

园林用途：花境、花带、专类园、庭院天井。

地理位置：中国各地（除华南以外）。

图 6.5.33　芍药

34. 醉蝶花

醉蝶花，名字就让人向往。拥有什么样的魅力，才能让蝴蝶迷醉，让蜜蜂围绕，让人心向往之（图 6.5.34）。

学　　名：醉蝶花

别　　称：紫龙须，蜘蛛花

拉 丁 名：*Cleomespinosa Jacq.*

科　　属：山柑科　白花菜属

植物类型：一年生草本

典型特征：高 1～1.5m，有臭味，有托叶刺，尖利外弯，叶为具 7 小叶的掌状复叶，边开花边伸长，花瓣 4 枚，颜色自变，由白到紫，花蕊长于花瓣。

典型习性：半阳性草本，花期 7—10 月，更喜湿润土壤，对二氧化硫、氯气均有良好的抗性。

园林用途：花坛、庭院、林缘、道路绿化、花境、花箱。

地理位置：全球热带、温带、热带美洲等地。

图 6.5.34　醉蝶花

35. 玉簪

玉簪因其花苞质地娇莹如玉，状似头簪而得名，夜间开放，芳香浓郁，花语是"脱俗、冰清玉洁"

（图 6.5.35）。

学　　名：玉簪

别　　称：玉春棒、白鹤花

拉 丁 名：*Hosta plantaginea*（Lam.）Aschers.

科　　属：百合科　玉簪属

植物类型：多年生宿根花卉

典型特征：株高 40～80cm，株丛低矮，根状茎粗大，叶基生，簇状，具长柄，总状花序顶生高于叶丛，花为白色，管状漏斗形，浓香，在夜间开放。

典型习性：阴性草本，花期 5—8 月，喜土层深厚排水良好且肥沃的砂质壤土，全株有毒。

园林用途：林下地被、建筑物庇荫处、岩石边、树池、林缘、庭院。

地理位置：四川、湖北、湖南、江苏、安徽、浙江、福建、广东。

图 6.5.35　玉簪

36. 月见草

月见草的花在傍晚慢慢地盛开，至天亮即凋谢，是一种只开给月亮看的植物，月见草代表不屈的心、自由的心（图 6.5.36）。

学　　名：月见草

别　　称：待霄草　夜来香

拉 丁 名：*Oenothera biennis L.*

图 6.5.36　月见草

科　　属：柳叶菜科　月见草属

植物类型：一、二年生草本

典型特征：茎直立，分枝少而开展，全株被毛，单叶互生，叶片披针形，花瓣 4 枚，黄色，同属还有粉色、白色等，傍晚开放，有清香，可自播。

典型习性：阳性草本，花期 6—9 月，对土壤要求不严，喜排水良好的沙质土壤。

园林用途：林缘、庭院、花坛、路旁绿化。

地理位置：东北、华北、华东、西南。

37. 白车轴草

白车轴草的花语是"幸福"（图 6.5.37）。

学　　名：白车轴草

别　　称：白三叶

拉 丁 名：*Trifolium repens L.*

科　　属：豆科　车轴草属

植物类型：多年生草本

典型特征：高 10～30cm，茎匍匐蔓生，掌状三出复叶，花序球形顶生花冠白色、乳黄色或淡红色，具香气，边开花边结实，荚果倒卵状矩形。

典型习性：阴性草本，花期 5—10 月，茎匍匐生长，不易折断，对土壤要求不严。

园林用途：路径沟边、堤岸护坡、林下地被等。

地理位置：我国华北、东北、西北、华南、华东、华中均有分布。

图 6.5.37　白车轴草

38. 红花酢浆草

红花酢浆草的花语是"绝不放弃你"（图 6.5.38）。

学　　名：红花酢浆草

别　　称：夜合梅、三叶草

拉 丁 名：*Oxalis corymbosa DC.*

科　　属：酢浆草科　酢浆草属

植物类型：多年生草本

典型特征：地下有球状鳞茎，叶基生，叶柄长被毛，小叶 3 枚，扁圆状倒心形，顶端凹入，通常排列成伞形花序，花瓣 5，紫红色，昼开夜合，自春至秋开花。

典型习性：阴性草本，花期 3—11 月，对土壤适应性较强，夏季有短期的休眠。

园林用途：花坛、花境、疏林地大片种植、隙地丛植等。

地理位置：河北、陕西、华东、华中、华南、四川、云南等地。

图 6.5.38　红花酢浆草

39. 天竺葵

天竺葵的花语是"偶然的相遇，幸福就在你身边"（图 6.5.39）。

学　　名：天竺葵

别　　称：洋绣球

拉 丁 名：*Pelargonium hortorum Bailey*

科　　属：牻牛儿苗科　天竺葵属

植物类型：多年生草本

典型特征：高 30～60cm，茎肉质，老茎木质化，具特殊气味，叶互生，表面有较明显的暗红色马蹄形环纹，伞形花序顶生，花色有红、粉、白等色。

典型习性：阳性草本，华东地区花期 5—7 月，稍耐干旱，喜排水良好的肥沃壤土。

园林用途：花台、花坛、花境、花箱等。

地理位置：全国各地。

图 6.5.39　天竺葵

40. 彩叶草

彩叶草花语是"绝望的恋情"（图 6.5.40）。

学　　名：彩叶草

别　　称：洋紫苏

拉 丁 名：*Coleus blumei*

科　　属：唇形科　鞘蕊花属

植物类型：多年生草本

典型特征：茎直立，高可达 1m，茎四棱形，叶对生，卵圆形，叶面绿色，具黄、红、紫灯斑纹，顶生总状花序，花小，淡蓝色或白色。

典型习性：阳性草本，花期 8—9 月，以疏松、肥沃的土壤为好。

园林用途：花坛、路边镶边、草坪点缀、模纹花坛、花篮、花束的配叶等。

地理位置：江苏、浙江、安徽等地。

图 6.5.40　彩叶草

41. 宿根福禄考

福禄考的花语是"欢迎、大方"（图 6.5.41）。

学　　名：宿根福禄考

别　　称：天蓝绣球 夏福禄

图 6.5.41　宿根福禄考

拉 丁 名：*phlox paniculata*

科　　属：花葱科　福禄考属

植物类型：多年生宿根草本

典型特征：株高 120cm，被短柔毛，茎多分枝，叶互生，长椭圆形，上部叶抱茎，聚伞花序顶生，花具较细花筒，花冠浅 5 裂，花色丰富，多以粉色常见。

典型习性：半阳性草本，花期 6—9 月，宜在疏松肥沃排水良好的中性或碱性的沙壤土中栽植。

园林用途：花坛、花境、点缀于草坪、庭园绿化、花箱、吊盆等。

地理位置：中国各地。

42. 吴风草

吴风草耐阴，非常适合林下栽植，叶片形大优美（图 6.5.42）。

学　　名：吴风草

别　　称：八角乌　大马蹄香

拉 丁 名：*Farfugium japonicum（L．f.）Kitam*

科　　属：菊科　大吴风草属

植物类型：多年生葶状草本

典型特征：根茎粗壮。基生叶莲座状，肾形，先端圆，全缘或有小齿或掌状浅裂，基部弯缺宽。花梗高达 70cm，头状花序辐射状，管状花多数，黄色。

典型习性：阴性草本，花期 8—12 月，在江南地区能露地越冬，忌阳光直射，以肥沃疏松排水好的黑土为宜。

园林用途：林下地被、立交桥下地被。

地理位置：华中及以南地区。

图 6.5.42　吴风草

43. 蜀葵

蜀葵原产于中国四川，故名曰"蜀葵"。又因其可达丈许，花多为红色，故名"一丈红"。山西省朔州市的市花，花语是"温和"（图 6.5.43）。

学　　名：蜀葵

别　　称：一丈花

拉 丁 名：*Althaea rosea*

科　　属：锦葵科　蜀葵属

植物类型：多年生宿根花卉

典型特征：茎直立可达3m，少分枝，全株被柔毛，叶大，互生，圆心脏形，花大，花瓣5枚或更多，短圆形或扇形，边缘波状而皱，花色丰富。

典型习性：半阳性草本，花期6—8月，喜肥沃、深厚的土壤，能自播繁殖。

园林用途：建筑物旁、假山旁、点缀花坛、草坪。

地理位置：华东、华中、华北地区。

图6.5.43 蜀葵

44. 蛇鞭菊

蛇鞭菊因多数小头状花序聚集成长穗状花序，小花由上而下次第开放，好似响尾蛇那沙沙作响的尾巴，呈鞭形而得名。蛇鞭菊的花语是"警惕、努力"，民间有"镇宅"之说，宜赠经商之人，以避邪驱魔，鼓励商人努力拼搏（图6.5.44）。

图6.5.44 蛇鞭菊

学　　名：蛇鞭菊

别　　称：麒麟菊、猫尾花

拉　丁　名：*Liatris spicata*（L.）*Willd.*

科　　属：菊科　蛇鞭菊属

植物类型：多年生草本植物

典型特征：茎基部膨大呈扁球形，地上茎直立，株形锥状，头状花序排列成密穗状，长60cm，花序部分约占整个花梗长的1∕2，小花由上而下次第开放，花色淡紫和纯白。

典型习性：半阳性草本，花期7—8月，喜欢阳光充足气候凉爽的环境，土壤要求疏松肥沃、排水良好。

　　园林用途：花坛、花境、庭院绿化、路旁带状栽植、丛植点缀于山石、林缘。

　　地理位置：我国南北各地。

　　45. 美人蕉

　　依照佛教的说法，美人蕉是由佛祖脚趾所流出的血变成的，在阳光下，酷热的天气中盛开的美人蕉，让人感受到它强烈的存在意志，因此它的花语是"坚实的未来"，具有勇往直前、乐观进取之意（图6.5.45）。

　　学　　名：美人蕉

　　别　　称：红艳蕉、小芭蕉

　　拉 丁 名：*Canna indica L.*

　　科　　属：美人蕉科　美人蕉属

　　植物类型：多年生草本植物

　　典型特征：高可达1.5m，被蜡质白粉。具块状根茎，单叶互生，具鞘状的叶柄，叶片卵状长圆形，花瓣根据品种不同有黄、红色及带斑点等。

　　典型习性：阳性草本，花期6—9月，深厚、肥沃的土壤，对氟化物、二氧化硫等有毒气体吸收能力较强。

　　园林用途：道路绿化、片植于公共绿地、花境、花坛、建筑周围绿化、厂区绿化。

　　地理位置：中国大陆的南北各地。

图6.5.45　美人蕉

　　46. 向日葵

　　向日葵又名朝阳花、太阳花，因其花常朝着太阳而得名，在古代的印加帝国，向日葵是太阳神的象征，因此向日葵的花语是"太阳"，具有向往光明给人带来美好希望之意（图6.5.46）。

　　学　　名：向日葵

　　别　　称：朝阳花、太阳花

　　拉 丁 名：*Helianthus annuus*

　　科　　属：菊科　向日葵属

　　植物类型：一年生草本

　　典型特征：高1～5m，茎直立，叶片互生，先端渐尖，两面粗糙，头状花序，极大，花序边缘生黄色的舌状花，花序中部为两性的管状花。

　　典型习性：阳性草本，花期6—9月，耐涝，肥沃、旱地、瘠薄、盐碱地等土壤均可种植。

园林用途：庭院、花境、花坛、林缘等。

地理位置：东北、西北、华北、西南、中南、华东地区。

图 6.5.46　向日葵

47. 八宝景天

八宝景天的花语是"吉祥"（图 6.5.47）。

学　　名：八宝景天

别　　称：蝎子草、长药景天

拉 丁 名：*Hylotelephium erythrostictum*（*Miq.*）*H. Ohba*

科　　属：景天科　景天属

植物类型：多年生肉质草本植物

典型特征：块根胡萝卜状，茎直立，不分枝，全株青白色。叶对生或 4 枚轮生，叶椭圆形光滑全缘，伞房状聚伞花序着生茎顶，小花粉色。

典型习性：阳性草本，花期 8—9 月，能耐－20℃的低温，耐贫瘠和干旱，忌雨涝积水，喜排水良好的土壤。

园林用途：花坛、花境、护坡地被植物、草坪、岩石园等。

地理位置：我国各地。

图 6.5.47　八宝景天

48. 柳叶马鞭草

柳叶马鞭草的花语是"忍耐"（图 6.5.48）。

学　　名：柳叶马鞭草

别　　称：长茎马鞭草

拉 丁 名：*Verbena bonariensis*

科　　属：马鞭草科　马鞭草属

植物类型：多年生草本

典型特征：株高 100～150cm，叶为柳叶形，叶缘有尖缺刻，十字对生，全株有纤毛，聚伞花序，小筒状花着生于花茎顶部，紫红色或淡紫色，可自播繁殖。

典型习性：阳性草本，花期5—9月，怕大风，耐旱能力强，不耐积水，对土壤要求不严。

园林用途：疏林下、植物园、别墅区绿化、背景材料、岩石旁等。

地理位置：华中、华东及以南地区。

图 6.5.48　柳叶马鞭草

49. 鸡冠花

鸡冠花因其花序红色、扁平状，形似鸡冠而得名，享有"花中之禽"的美誉，另外鸡冠花经风傲霜，花姿不减，花色不褪，被视为不变的爱的象征，在欧美，第一次赠给恋人的花，就是火红的鸡冠花，寓意真挚的爱情（图6.5.49）。

学　　名：鸡冠花

别　　称：老来红

拉 丁 名：*Celosia cristata L.*

科　　属：苋科　青葙属

植物类型：一年生草本

图 6.5.49　鸡冠花

典型特征：株高30～200cm，茎直立粗壮，叶互生，长卵状披针形，肉穗状花序顶生，呈扇形，形似鸡冠，扁平而厚软，花色丰富。

典型习性：阳性草本，花期6—11月，一般土壤都可种植，对二氧化硫、氯化氢具良好的抗性。

园林用途：花境、花坛、树丛外缘。

地理位置：我国大部分地区。

50. 马齿苋

马齿苋见阳光花开，早、晚、阴天闭合，故有太阳花、午时花之名，花语是"沉默的爱、光明、热烈、忠诚、阳光、积极向上"（图6.5.50）。

学　　名：马齿苋

别　　称：蚂蚱菜、太阳花

拉 丁 名：*Portulaca oleracea L.*

科　　属：马齿苋科　马齿苋属

植物类型：一年生草本植物

典型特征：叶茎肥厚多汁，伏地铺散，高10～30cm，茎紫红色，叶互生，扁平，肥厚，倒卵形，常5朵簇生枝端，花瓣5. 黄色，倒卵形。

典型习性：阳性草本，花期5—8月，强光、弱光都可正常生长，比较适宜在温暖、湿润、肥沃的壤土或砂壤土中生长。

园林用途：花坛、花箱、地被、镶边、吊盆。

地理位置：中国南北各地。

图6.5.50　马齿苋

【知识拓展】

中　国　十　大　名　花

梅花——不畏风雪

牡丹——花中之王

菊花——高风亮节

兰花——花中君子

月季——花中皇后

杜鹃——花中西施

山茶——花中珍品

荷花——出水芙蓉

桂花——秋风送爽

水仙——凌波仙子

世 界 四 大 切 花

月季、菊花、康乃馨、唐菖蒲

【实训提纲】

1. 实训目标

（1）识别观赏草花并进行形态描述。

（2）掌握工具书的使用方法。

（3）熟悉常见草花的分类地位、栽培特性及应用形式。

2. 实训内容

（1）通过观察，识别常见的观赏草花种类：一年生和二年生花卉、宿根花卉、球根花卉。

（2）通过资料查阅熟悉常见草花的分类地位、栽培特性及应用形式。

3. 考核评价

可事先根据教学内容及学生所做的实验内容，采集校园内的3～5种植物（以花卉类植物为主）的全株，要求学生在规定的时间内用分类学术语对所采植物的营养器官的形态特征进行准确的描述。

第7章 藤　　本

主要内容：

藤本是园林绿化中垂直绿化的骨干材料，本章将介绍具有代表性的常绿藤本、落叶藤本的学名、拉丁名、科属、植物特性与分布、应用与文化。

学习目标：

能够正确识别常见的藤本10种，并掌握其专业术语及植物文化内涵，熟悉藤本在园林绿化工程中的应用形式。

7.1 藤本概念

藤本植物，又名攀缘植物，是指茎部细长，不能直立，只能依附在其他物体，缠绕或攀缘向上生长的植物，可分为常绿、落叶两类。

7.2 常见藤本

1. 常春藤

常春藤在以前被认为是一种神奇的植物，象征忠诚、春天长驻之意，深得人们的喜爱，送友人常春藤表示友谊之树长青（图7.2.1）。

学　　　名：常春藤

别　　　称：爬墙虎、三角藤

拉 丁 名：*Hedera nepalensis var. sinensis*（*Tobl.*）*Rehd*

科　　　属：五加科　常春藤属

植物类型：多年生阴性藤本植物

典型特征：有发达的吸附性气生根，叶片革质，单叶互生，叶三角状卵形或戟形。

图 7.2.1　常春藤

典型习性：阴性，不耐寒，喜湿润疏松肥沃的土壤，不耐盐碱，花期 8—9 月，果期次年 3 月。

园林用途：攀援假山、建筑阴面等地垂直绿化，也可攀援于房屋墙壁等。

地理位置：华中、华南、西南地区。

2. 扶芳藤

扶芳藤的花语是"感化"（图 7.2.2）。

学　　名：扶芳藤

别　　称：络石藤、爬藤

拉 丁 名：*Euonymus fortunei（Turcz.）Hand.. Mazz.*

科　　属：卫矛科　卫矛属

植物类型：常绿藤本植物

典型特征：叶对生，薄革质，长椭圆形，先端钝或急尖，叶缘细锯齿。

典型习性：阴性，对有毒气体抗性强，对土壤的适应性强，生长快，萌芽力强，极耐修剪，成形快，攀缘性、匍匐性强，花期 6—7 月。

园林用途：林缘、林下作地被，也可以点缀墙角、山石、老树等。

地理位置：华北、华东、中南、西南地区。

3. 花叶络石

花叶络石非花胜似花，多层颜色的叶色，极似盛开的一簇鲜花，适宜行道树下隔离带种植、护坡地被、庭院公园的院墙、亭、廊等边缘，疏林、林缘地被，也适宜花箱、花台、花坛等运用（图 7.2.3）。

学　　名：花叶络石

别　　称：斑叶络石

拉 丁 名：*Trachelospermum jasminoidesFlame*

科　　属：夹竹桃科　络石属

植物类型：常绿木质藤蔓植物

典型特征：新枝叶被短柔毛，叶革质，卵状椭圆形，新枝叶被短柔毛，叶革质，卵状椭圆形。

典型习性：半阳性，喜空气湿度较大的环境，喜排水良好的酸性、中性土壤，生长快，花果期 5—8 月。

园林用途：行道树下隔离带种植、林缘地被，花箱、花坛。

地理位置：中国长江流域以南地区。

第 7 章　藤本

图 7.2.3　花叶络石

4. 紫藤

紫藤、凌霄、忍冬、葡萄为四大藤本，紫藤攀绕枯木，有枯木逢生之意（图 7.2.4）。

学　　　名：紫藤

别　　　称：藤萝、葛花

拉　丁　名：*Wisteria sinnsis*

科　　　属：蝶形花科　紫藤属

植物类型：落叶藤本植物

典型特征：干皮深灰色，不裂，嫩枝暗黄绿色密被柔毛，奇数羽状复叶互生。

典型习性：半阳性，生长较快，寿命较长，缠绕能力较强，对有害气体抗性较强，有一定的滞尘吸附能力，花期 4—5 月。

园林用途：棚架、凉亭、绿廊花架栽培攀绕植物。

地理位置：华东、华中、华南、西北和西南地区。

图 7.2.4　紫藤

5. 木香藤

木香的花语是"我是你的俘虏"（图 7.2.5）。

学　　　名：木香藤

别　　　称：木香、七里香

拉　丁　名：*Rosa banksiae*

科　　属：蔷薇科　蔷薇属

植物类型：半常绿藤本植物

典型特征：树皮红灰褐色，薄条状脱落，小枝绿色，近无皮刺，叶缘有细锯齿。

典型习性：阳性，畏水湿，忌积水，萌芽力强，耐修剪，寿命长。花期4—6月。

园林用途：花架、花格墙、凉亭等作垂直绿化。

地理位置：中国各地广泛栽培。

图 7.2.5　木香藤

6. 爬山虎

爬山虎旺盛的生命力，不屈向上，另外有纠缠不清之意（图7.2.6）。

学　　名：爬山虎

别　　称：爬墙虎、地锦、飞天蜈蚣

拉 丁 名：*Parthenocissus tricuspidata*

科　　属：葡萄科　爬山虎属

植物类型：多年生大型落叶木质藤本植物

典型特征：分枝具有卷须，卷须顶端有吸盘，吸附力很强，叶绿色，秋季变为红，花多为两性，雌雄同株。

典型习性：阴性，对二氧化硫和氧化氢等有害气体有较强的抗性，对空气中的灰尘有吸附能力，花期4—6月，果期9—10月。

图 7.2.6　爬山虎

园林用途：植于楼房墙壁、围墙、护坡等处。

地理位置：华东、华中、华南地区。

7. 金银花

金银花夏季开放，初放时洁白如银，数日后变为金黄，新旧相参，黄白相间，一金一银交相辉映，散发浓香，故名"金银花"（图 7.2.7）。

学　　名：金银花

别　　称：金银藤

拉 丁 名：*Lonicera japonica Thunb.*

科　　属：忍冬科　忍冬属

植物类型：多年生半常绿藤本植物

典型特征：小枝细长中空，藤为赤褐色，叶子卵形对生，枝叶均密生柔毛。

典型习性：半阳性，以湿润、肥沃的深厚沙质壤土生长为佳，花期4—6月，果期10—11月。

园林用途：在林下、建筑物北侧等处作地被，或作绿化矮墙、花柱以及缠绕假山石等。

地理位置：各省均有分布。

图 7.2.7　金银花

8. 凌霄

凌霄花寓意慈母之爱，它的花语是"声誉"，是连云港市市花（图 7.2.8）。

学　　名：凌霄

别　　称：凌霄花

图 7.2.8　凌霄

拉 丁 名：*Campsis grandiflora（Thunb.）Schum.*

科　　属：紫葳科　凌霄属

植物类型：落叶藤本植物

典型特征：以气生根攀附于它物之上，羽状复叶对生，小叶 7～9，卵状披针形。

典型习性：阴性，耐盐碱，病虫害较少，以排水良好、疏松的中性土壤为宜，花期 6—8 月。

园林用途：庭园中棚架、围墙攀缘绿化，也可攀缘墙垣，点缀假山间隙等。

地理位置：主产于长江流域各地。

9. 葡萄

葡萄是世界最古老的植物之一，具有深厚的植物文化，其果实成串多粒，表示"多子多福"，寓意人丁兴旺。种一颗种子，结上万个果实，寓意一本万利。同时也是重要的传统吉祥图案，则多运用于刺绣、剪纸等民俗文化之中（图 7.2.9）。

学　　名：葡萄

别　　称：草龙珠

拉 丁 名：*Vitis vinifera*

科　　属：葡萄科　葡萄属

植物类型：落叶木质藤本

典型特征：小枝圆柱形，有纵棱纹，掌状单叶，互生，圆锥花序。

典型习性：阳性，对土壤的适应性较强，以肥沃的沙壤土最为适宜，果期 7—10 月。

园林用途：庭院中种植。

地理位置：长江流域以北各地均有分布。

图 7.2.9　葡萄

10. 五叶地锦

五叶地锦的花语是"友情"（图 7.2.10）。

学　　名：五叶地锦

别　　称：五叶爬山虎

拉 丁 名：*P. thomsoni*

科　　属：葡萄科　爬山虎属

植物类型：落叶藤本植物

典型特征：具分枝卷须顶端有吸盘，小叶倒卵圆形，叶缘有粗锯齿，常生于短枝顶端两叶间。

典型习性：阳性，耐寒，耐贫瘠、干旱，对土壤和气候适应性强，对二氧化硫等有害气体抗性强，花期6月，果期10月。

园林用途：配植宅院墙壁、围墙、庭园入口处、老树干等，也可作地被植物。

地理位置：东北至华南各省均有分布。

图7.2.10　五叶地锦

11. 茑萝

茑即桑寄生，女萝即菟丝子，两者都是寄生于松柏的植物，茑萝之形态颇似茑与女萝，故合二名以名之茑萝（图7.2.11）。

学　　　名：茑萝

别　　　称：五角星花、狮子草

拉　丁　名：*Quamoclit Mill.*

科　　　属：旋花科　茑萝属

植物类型：一年生柔弱缠绕草本

典型特征：叶长卵形，单叶互生，叶的裂片细长如丝，羽状深裂至中脉。

典型习性：阳性，不耐寒，能自播要求土壤肥沃，抗逆力强，管理简便，花期7—9月。

园林用途：作花架、花篱，以矮垣短篱或绿化阳台为主，还可作地被植物。

地理位置：华中、华南均有分布。

图7.2.11　茑萝

【知识拓展】

藤本植物的栽植技术

1. 播种方法

采用穴盘和育苗床（包括温室和露地）两种播种方法。温室内进行穴盘播种，播种期定在3月底至4月初。种子细小、采集量小的用穴盘点播方法播种，种子大、采集量大的在苗床进行播种，多采用条播、撒播的方法，露地播种在4月进行。

2. 扦插方法

截取当年粗壮枝条制作插穗进行繁殖，穗条均为当年生半木质化的枝条，生长健壮，无病虫害。采穗时穗条基部和顶梢部分弃用，其余部分根据穗条的情况按10～15cm长留3～4个芽。穗条顶端剪成平口，留2片2/3的叶片进行光合作用，穗条下端斜剪成小于45°角。

扦插时间一般是夏、秋两季，夏季采用温室外扦插育苗池，池内基质为消毒干净的炉渣；秋季采用温室内扦插育苗池，池内基质为消毒干净炉渣。扦插株行距3cm×3cm，下插深度5～7cm。喷水次数根据温度而定，温度达25℃左右时，每天喷水2～3次；温度达18℃左右时，每天喷水1～2次；温度达10℃左右时，每2～3天喷水1次。扦插初期可适量多喷水，根部愈合后可减少喷水次数。

3. 压条方法

根据藤本植物的特性，采用不定根进行压条试验，压条繁殖通常选用容易弯曲而生长健壮的一、二年生长枝条，压条时间因植物种类和气候条件而定。选择有不定根的品种进行试验，将接近地面的枝条弯曲成波状形，把连续弯曲的着地部分埋入土中使之生根，拱出地面的萌芽生长成新植株，然后剪断与母株株体相连的部分。压条之后，灌水需勤，不可缺水，否则将影响压条生根。生长期间要注意锄草。

【实训提纲】

1. 实训目标

（1）识别常见藤本植物并进行形态描述。

（2）学会利用植物检索表、植物志等工具书进行鉴别，补充编制植物检索表上没有的藤本植物。

（3）熟悉常见藤本植物的分类地位、栽培特性及应用形式。

2. 实训内容

（1）通过观察，识别常见的藤本植物种类：

1）按它们茎的质地分为草质藤本和木质藤本。

2）按照它们的攀附方式，则有缠绕藤本、吸附藤本、卷须藤本、蔓生藤本。

（2）通过资料查阅熟悉常见藤本植物的分类地位、栽培特性及应用形式。

3. 考核评价

（1）可事先根据教学内容及学生所考察内容，采集校园内的3～5种植物（以藤本植物为主）的全株，要求学生在规定的时间内用分类学术语对所采植物的营养器官的形态特征进行准确的描述。

（2）编制植物检索表的科学合理性。

第 8 章 水 生 植 物

> **主要内容：**
> 　水生植物是园林绿化中水系绿化的骨干绿化材料，本章将介绍具有代表性水生植物的学名、拉丁名、科属、植物特性与分布、应用与文化。
>
> **学习目标：**
> 　能够正确识别常见的水生植物 15 种，并掌握其专业术语及植物文化内涵，熟悉水生植物在园林绿化工程中的应用形式。

8.1　水生植物概念

　　水生园林植物是指生长于水体中、沼泽地、湿地上，观赏价值较高的植物。它们常年生活在水中或在其生命周期内某段时间生活在水中。这类植物体内细胞间隙较大，通气组织比较发达，种子能在水中或沼泽地萌发，在枯水时期它们比任何一种陆生植物更易死亡。根据水生植物的生活方式，一般将其分为以下五类：沉水植物、挺水植物、漂浮植物、浮叶植物和水际植物。

8.2　水生植物类型

　　挺水植物：指根生长于泥土中，茎叶挺出水面之上，包括沼生 1～1.5m 水深的植物。栽培中一般是 80cm 以下，如荷花、水葱、香蒲等。

　　浮水植物：指根生长于泥土中，叶片漂浮于水面上，包括水深 1.5～3m 的植物，常见种类有王莲、睡莲、萍蓬草等。

　　漂浮植物：指茎叶或叶状体漂浮于水面，根系悬垂于水中漂浮不定的植物，如凤眼莲、大藻等。

　　沉水植物：指根扎于水下泥土之中，全株沉没于水面之下的植物，如金鱼藻、狐尾藻、黑藻等。

　　水缘植物：生长在水池边，从水深 2、3cm 处到水池边的泥里都可以生长的植物。水缘植物品种非常多，主要起观赏作用，常见种类有千屈菜、菖蒲等。

8.3　常见水生植物

1. 荷花

"荷"被称为"活化石"，是被子植物中起源最早的植物之一，中国是世界上栽培荷花最多的国家之一（图 8.3.1）。

学　　名：荷花

别　　称：莲花、藕

拉　丁　名：*Nelumbo nucifera Gaertn.*

科　　属：睡莲科　莲属

植物类型：多年挺水植物

典型特征：叶盾状圆形，表面光滑具白粉覆盖，全缘呈波状，叶柄花柄圆柱形，外散生小刺。

典型习性：阴性，耐寒，喜湿怕干，根据品种确定水深度，花期6—9月。

园林用途：平静浅水、池塘等做荷花专类园、主题水景植物。

地理位置：除西藏、青海外各地均有。

图 8.3.1　荷花

2. 睡莲

在古希腊、古罗马，睡莲被视为圣洁、美丽的化身，常被用作供奉女神的祭品（图 8.3.2）。

学　　名：睡莲

别　　称：子午莲

拉 丁 名：*Nymphaea tetragona Georgi*

科　　属：睡莲科　睡莲属

植物类型：多年生浮水植物

典型特征：叶丛生，浮于水面，薄革质，卵状椭圆形，全缘，浓绿，下面暗紫色，有缺裂。

典型习性：阳性，喜富含有机质的壤土，最适水深 25～30cm，不得超过 80cm，花期6—8月。

园林用途：平静浅水、沼泽地等作睡莲专类园、主题水景植物。

地理位置：除西北、西南外，其他各省区均有栽培。

图 8.3.2　睡莲

3. 千屈菜

千屈菜生长在沼泽或河岸地带，爱尔兰人替它取了一个奇怪的名字叫"湖畔迷路的孩子"，它的花语是"孤独"（图 8.3.3）。

学　　名：千屈菜

别　　称：水柳

拉　丁　名：*Lythrum salicaria L.*

科　　属：千屈菜科　千屈菜属

植物类型：多年生草本植物

典型特征：根茎横卧于地下，多分枝，叶对生或三叶轮生，披针形，全缘，无柄。

典型习性：阳性，喜水湿，在深厚、富含腐殖质的土壤中生长更好，花期7—8月。

园林用途：浅水岸边、湖畔边、潮湿草地等地丛植。

地理位置：我国各地均有分布。

图 8.3.3　千屈菜

4. 芦苇

芦苇的花语是"韧性、自尊又自卑的爱"（图 8.3.4）。

学　　名：芦苇

别　　称：苇子

拉　丁　名：*Phragmites australis（Cav.）Trin. ex Steud.*

科　　属：禾本科　芦苇属

植物类型：多年生草本植物

典型特征：节下常生白粉，茎有节中空光滑。叶子互生，顶端尖锐，披针形。

典型习性：阳性，生命力强，易管理，生长速度快，花期9—10月。

园林用途：河岸、溪边、堤岸等多水地区，形成苇塘。

地理位置：我国各地均广泛分布。

图 8.3.4　芦苇

5. 香蒲

香蒲因其穗状花序呈蜡烛状，故又称水烛，花语是"卑微"，意味着渺小，微不足道，有自谦之意（图8.3.5）。

学　　　名：香蒲

别　　　称：水蜡烛 蒲草

拉 丁 名：*Typha orientalis Presl.*

科　　　属：香蒲科　香蒲属

植物类型：多年生水生植物

典型特征：叶片条形，光滑无毛，上部扁平，海绵状。

典型习性：阳性，以含丰富有机质的塘泥最好，管理较粗放，花期5—8月。

园林用途：种植于池塘、河滩等，做花境、水景背景材料。

地理位置：我国各地均有分布。

图8.3.5　香蒲

6. 梭鱼草

因梭鱼的幼鱼喜欢藏匿于它们密生的叶丛与根茎间嬉戏游乐，由此而得名梭鱼草，它的花语是"自由"（图8.3.6）。

学　　　名：梭鱼草

别　　　称：北美梭鱼草

图8.3.6　梭鱼草

拉 丁 名：*Pontederia cordata*

科　　属：雨久花科　梭鱼草属

植物类型：多年生挺水植物

典型特征：深绿色叶片，叶形多变，大部分为倒卵状披针形，叶面光滑，浮水或沉水。

典型习性：阳性，喜欢在静水及水流缓慢的浅水中生长，花期5—10月。

园林用途：河道两侧、人工湿地等，与千屈菜、再力花等相间种植。

地理位置：我国各地均有分布。

7. 雨久花

雨久花花大而美丽，淡蓝色，像只飞舞的蓝鸟，所以又称之为蓝鸟花。而叶色翠绿、光亮、素雅，在园林水景布置中常与其他水生观赏植物搭配使用，是一种美丽的水生花卉（图8.3.7）。

学　　名：雨久花

别　　称：蓝鸟花

拉 丁 名：*Monochoria korsakowii*

科　　属：雨久花科　雨久花属

植物类型：多年生挺水植物

典型特征：茎直立或稍倾斜，株高50—90cm，全株光滑无毛；叶多型，挺水叶互生，阔卵状心形，先端急尖，全缘，基部心形；花两性，总状花序顶生，花被片6，蓝紫色。

典型习性：花期7—8月。

园林用途：雨久花叶色翠绿光亮素雅，花大美丽，适宜和其他的水生花卉搭配片植于浅水池、水塘、沟边或沼泽地中。

地理位置：我国东北、华北、华中、华南均有分布；性强健，耐寒，多生于沼泽地、水沟及池塘的边缘。

图8.3.7　雨久花

8. 唐菖蒲

唐菖蒲与月季、菊花、康乃馨被誉为"世界四大切花"，叶似长剑，有如宝剑，可以挡煞和避邪，成为节日喜庆不可缺少的插花衬料，其花朵由下往上渐次开放，象征节节高升，成为祝贺花篮应用相当多的花材。其花语是"用心、福禄、富贵、节节上升、坚固"（图8.3.8）。

学　　名：唐菖蒲

别　　称：菖兰、剑兰

拉 丁 名：*Gladiolus hybridus*

科　　属：鸢尾科　唐菖蒲属

植物类型：多年生草本植物

典型特征：叶剑形顶端渐尖，花朵由下向上渐次开放，蒴果椭圆形。

典型习性：阳性，不耐高温，忌闷热，选择向阳排水性良好的含腐殖质多的沙质壤土，花期7—9月，果期8—10月。

园林用途：可布置花境及专类花坛，也可以栽植于浅水石头缝隙中。

地理位置：我国各地均有分布。

图8.3.8　唐菖蒲

9. 水葱

水葱植株挺立奇趣，生长葱郁，色泽淡雅洁净（图8.3.9）。

学　　名：水葱

别　　称：冲天草

拉 丁 名：*Scirpus validus Vahl*

科　　属：莎草科　藨草属

植物类型：多年生挺水植物

典型特征：茎秆高大通直，秆呈圆柱状中空，典型的观茎植物。

典型习性：阳性，对污水中有机物、磷酸盐及重金属等有较高的去除能力，花果期6—9月。

园林用途：池隅、岸边，作为水景布置中的障景或后景。

地理位置：东北、西北、西南各省。

图8.3.9　水葱

10. 慈姑

慈姑性微寒，味苦，具有解毒利尿、防癌抗癌、散热消结、强心润肺之功效，慈姑不能生吃，煮熟如芋，且略带苦味（图8.3.10）。

学　　名：慈姑

别　　称：慈姑、剪刀草

拉 丁 名：*Sagittaria sagittifolia*

科　　属：泽泻科　慈姑属

植物类型：多年生水生植物

典型特征：叶变化极大，沉水的狭带形，浮水和突出的近戟形，先端钝或短尖，雌雄异花。

典型习性：阳性，要求土壤肥沃，土层不太深的黏土中生长，花果期7—8月。

园林用途：做水边、岸边的绿化材料，也可作为盆栽观赏。

地理位置：南北各省均有栽培。

图8.3.10　慈姑

11. 旱伞草

旱伞草的花语是"生命力顽强、果敢坚韧、直节冲云霄"（图8.3.11）。

学　　名：旱伞草

别　　称：水棕竹、风车草

拉 丁 名：*Cyperus alternifolius*

科　　属：莎草科　莎草属

图8.3.11　旱伞草

植物类型：多年湿生挺水植物

典型特征：茎秆挺直，细长的叶片簇生于茎顶成辐射状，很像一把遮雨的雨伞。

典型习性：半阳性，以肥沃稍黏的土质为宜，净化水中氮、磷和有机物，花果期6—10月。

园林用途：溪流岸边、假山石的缝隙等处。

地理位置：南北各地均有分布。

12. 凤眼莲

因它浮于水面生长，又称水浮莲。又因其在根与叶之间有一像葫芦状的大气泡又称水葫芦。花瓣中心生有一明显的鲜黄色斑点，形如凤眼又称凤眼莲，还称为"紫色的恶魔"，被列为世界十大害草之一，蔓延速度很快，凤眼莲的花语和象征意义是"此情不渝"（图8.3.12）。

学　　名：凤眼莲

别　　称：水葫芦

拉 丁 名：*Eichhornia crassipes*

科　　属：雨久花科　凤眼莲属

植物类型：多年生浮水植物

典型特征：叶单生，直立，叶片卵形至肾圆形，顶端微凹，叶柄处有泡囊承担叶花的重量。

典型习性：阳性，喜欢在流速不大的浅水中生长，对水中汞、镉、铅等有害物质有一定的净化作用，花期7—10月。

园林用途：植于各种水池，注意控制它的发展，谨慎使用。

地理位置：我国长江、黄河流域及华南各省。

图 8.3.12　凤眼莲

13. 再力花

再力花的花语是"清新可人"（图8.3.13）。

学　　名：再力花

别　　称：水竹芋

拉 丁 名：*Thalia dealbata*

科　　属：竹芋科　塔利亚属

植物类型：多年生挺水植物

典型特征：全株附有白粉叶卵状披针形，浅灰蓝色，边缘紫色，复总状花序。

典型习性：阳性，怕干旱，在微碱性的土壤中生长良好，花期4—7月。

园林用途：水池或湿地，形成独特的水体景观。

地理位置：我国长江、黄河流域及华南各省。

图 8.3.13　再力花

14. 萍蓬草

萍蓬草的花语是"崇高、跟随着你"（图 8.3.14）。

学　　　名：萍蓬草

别　　　称：黄金莲、萍蓬莲

拉　丁　名：*pumilum*

科　　　属：睡莲科　萍蓬草属

植物类型：多年生浮叶水生植物

典型特征：叶二型，浮水叶纸质或近革质，基部开裂呈深心形，沉水叶薄而柔软。

典型习性：阳性，耐低温，长江以南越冬不需防寒，耐污染能力强，花期 7—9 月。

园林用途：用于开阔园林水景中，是水景点缀的主体材料。

地理位置：华东、西南、西北、华南、东北。

图 8.3.14　萍蓬草

15. 花叶芦竹

花叶芦竹早春叶色黄白条纹相间，后增加绿色条纹，盛夏新生叶则为绿色。花序可用作切花（图 8.3.15）。

学　　　名：花叶芦竹

别　　称：斑叶芦竹

拉　丁　名：*Arundo donax var. versicolor*

科　　属：禾本科　芦竹属

植物类型：多年生宿根草本植物

典型特征：地上茎挺直，有间节，似竹，叶互生，弯垂，叶面具白色条纹。

典型习性：阳性，耐湿，较耐寒。花果期9—12月。

园林用途：水景园背景材料，也可点缀于桥、亭、榭四周，可盆栽用于庭院观赏。

地理位置：华东、西北、西南、华中地区。

图8.3.15　花叶芦竹

【知识拓展】

水生植物的栽植方法

水生植物应根据不同种类或品种的习性进行种植。在园林施工时，栽植水生植物有两种不同的技术途径：

（1）种植槽。在池底砌筑栽植槽，铺上至少15cm厚的腐质培养土，将水生植物植入土中。

（2）种植器。将水生植物种在容器中，再将容器沉入水中，这种方法更常用一些，因为它移动方便，例如北方冬季须把容器取出来收藏以防严寒，在春季换土、加肥、分株的时候，作业也比较灵活省工，而且这种方法能保持池水的清澈，清理池底和换水也比较方便。

水生植物的管理一般比较简单，栽植后除日常管理工作之外，还要注意以下几点：

（1）检查有无病虫害。

（2）检查植株是否拥挤，一般3～4年时间分一次株。

（3）定期施加追肥。

（4）清除水中的杂草，池底或池水过于污浊时要换水或彻底清理。

【实训提纲】

1.实训目标

（1）能够识别常见的水生植物，并能熟悉其习性及应用。

（2）掌握工具书的使用方法。

（3）熟悉常见的水生植物 15 种，并掌握其专业术语及植物文化内涵。

2. 实训内容

（1）通过观察，区分水生植物的不同类型，了解其在园林绿化工程中的应用。

（2）通过资料查阅熟悉常见水生植物的分类地位、栽培特性及应用形式。

（3）绘制水生植物景观设计样图。

3. 考核评价

（1）出勤率（10%）。

（2）平时表现（20%）。

（3）文字表现（30%）。

（4）图纸表现（40%）。

第 9 章 竹 子

> **主要内容：**
> 竹子是园林绿化中常用的绿化材料，本章将介绍具有代表性竹子的学名、拉丁名、科属、植物特性与分布、应用与文化。
>
> **学习目标：**
> 能够正确识别常见的竹子 10 种，并掌握其专业术语及植物文化内涵，熟悉竹子在园林绿化工程中的应用形式。

9.1 竹子概念

我国竹类资源丰富，种类繁多，据记载有 50 余属 700 余种，占世界竹类种植资源的 80% 左右，竹子在我国还具有独特的文化内涵，常被赋予常青、刚毅、挺拔、坚贞、清幽的性格，用于园林和庭院栽培以陶冶情操，鼓舞精神。下面将对园林中常见的一些观赏竹进行讲述。

9.2 常见竹子

1. 斑竹

据说先古时期，湘妃泪洒青竹染之成斑，因而得名湘妃竹。斑多为老竹，斑少为新竹（图 9.2.1）。

学　　名：斑竹

别　　称：湘妃竹

拉 丁 名：*Phyllostachys bambussoides cv. tanakae*

科　　属：禾本科　刚竹属

植物类型：常绿乔木状竹

图 9.2.1　斑竹

典型特征：竿具紫褐色斑块与斑点，分枝亦有紫褐色斑点。

典型习性：半阳性，生命力强，静水及水流缓慢的水域中均可生长，生长迅速，繁殖能力强。

园林用途：结合假山、亭台种植为佳。

地理位置：长江流域以南各地区。

2. 方竹

方竹因主秆截面呈四方形而得名（图9.2.2）。

学　　名：方竹

别　　称：方苦竹、四方竹

拉 丁 名：*Chimonobambusa quadrangularis（Fenzi）Makino*

科　　属：禾本科　刚竹属

植物类型：常绿乔木状竹

典型特征：竹竿呈青绿色，小型竹竿呈圆形，成材时竹竿呈四方型，竹节头带有小刺枝。

典型习性：阳性，耐湿，稍耐阴，不耐寒，抗污染能力强。

园林用途：窗前、花台中、假山旁等。

地理位置：华东、华南以及秦岭一带有分布。

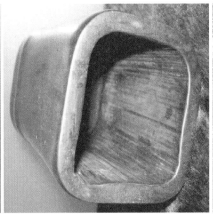

图 9.2.2　方竹

3. 孝顺竹

因为孝顺竹开花比较少见，并且在开花后绿叶凋零，枝干枯萎，成批的死去，所以竹子开花有"不祥之兆"之意。孝顺竹寒暑时节互换位置，老幼互相保护，由此得"孝顺竹"之名（图9.2.3）。

图 9.2.3　孝顺竹

学　　　名：孝顺竹

别　　　称：凤凰竹、蓬莱竹

拉　丁　名：*Bambusa multiplex*（*Lour.*）*Raeusch. ex Schult.*

科　　　属：禾本科　孝顺竹亚属

植物类型：灌木型丛生竹

典型特征：地下茎合轴丛生，竹竿密集生长，植株矮小，幼竿微被白粉，节间圆柱形。

典型习性：半阳性，是丛生竹类中分布最广、适应性最强的竹种之一。

园林用途：可孤植、群植，高篱、大门内外两侧列植、对植，还可配置于假山旁。

地理位置：华东、华南、西南等地。

4. 凤尾竹

凤尾竹枝叶纤细，茎略弯曲下垂，状似凤尾，因此得名"凤尾竹"。凤尾竹又因竹秆直径介于牙签和筷子之间，叶色浓密成球状，由于富有灵气而被命名为"观音竹"（图9.2.4）。

学　　　名：凤尾竹

别　　　称：观音竹

拉　丁　名：*Bambusa multiplex cv. Fernleaf*

科　　　属：禾本科　簕竹属　孝顺竹变种

植物类型：常绿乔木状竹

典型特征：竿密丛生，矮细但空心，具叶小枝下垂，叶细纤柔，线状披针形。

典型习性：半阳性，不耐寒，不耐强光，宜肥沃、疏松和排水良好的土壤。

园林用途：墙隅、假山旁、叠石旁配置，也可作为低矮绿篱。

地理位置：华东、华南、西南至台湾地区均有分布。

图 9.2.4　凤尾竹

5. 龟甲竹

龟甲竹竹竿的节片像龟甲又似龙鳞，凹凸有致，坚硬粗糙，因此得龙鳞竹之名。龟甲竹竿基部以至相当长一段竿的节间连续呈不规则的短缩肿胀，并交斜连续如龟甲状，象征长寿健康（图9.2.5）。

学　　　名：龟甲竹

别　　　称：龟文竹　龙鳞竹

拉　丁　名：*Phyllostachys heterocycla*（*Carr.*）*Mit ford*

科　　　属：禾本科　刚竹属

植物类型：常绿乔木状竹

典型特征：节粗或稍膨大，节纹交错，斜面突出，交互连接成不规则相连的龟甲状。

典型习性：阳性，喜温湿润气候及肥沃疏松土壤。

园林用途：三五成群种植于庭院。

地理位置：长江中下游，秦岭、淮河以南等地均有分布。

图 9.2.5　龟甲竹

6. 刚竹

刚竹彰显气节，虽不粗壮，但却正直，坚韧挺拔，不惧严寒酷暑，具有万古长青之意（图 9.2.6）。

学　　名：刚竹

别　　称：桂竹、胖竹

拉　丁　名：*Phyllostachys viridis*

科　　属：禾本科　刚竹属

植物类型：常绿乔木状竹

典型特征：挺直，淡绿色，新竿无毛，微被白粉，老竿仅节下有白粉环。

典型习性：阳性，稍耐寒，抗性强，能耐−18℃低温，稍耐盐碱。

园林用途：庭园曲径、池畔、石际、天井、景门旁等。

地理位置：黄河流域至长江流域以南地区均有分布。

图 9.2.6　刚竹

7. 淡竹

淡竹竹林姿态婀娜多姿，竹笋光洁如玉，适于大面积片植、结合小品配置、宅旁成片栽植等（图9.2.7）。

学　　　名：淡竹

别　　　称：粉绿竹

拉　丁　名：*Phyllostachys glauca McClure*

科　　　属：禾本科　刚竹属

植物类型：常绿乔木状竹

典型特征：新竿蓝绿色，密被白粉，老竿绿色或黄绿色，节下有白粉环。

典型习性：阳性，耐寒耐旱性较强。

园林用途：大面积片植、结合小品配置、宅旁成片栽植等。

地理位置：黄河流域至长江流域间以及陕西秦岭等地。

图9.2.7　淡竹

8. 黄槽竹

黄槽竹竿色优美，为优良观赏竹，常植于庭园观赏（图9.2.8）。

学　　　名：黄槽竹

别　　　称：玉镶金竹

图9.2.8　黄槽竹

拉 丁 名：*Phyllostachys aureosulcata*

科　　属：禾本科　刚竹属

植物类型：常绿乔木状竹

典型特征：分枝一侧的沟槽为黄色，幼竿被白粉及柔毛，竿基部有时数节生长曲折。

典型习性：阳性，怕风，喜空气湿润的环境。

园林用途：植于庭园观赏。

地理位置：北京至浙江均有分布。

9. 黄金间碧玉竹

黄金间碧玉竹色彩美丽，黄金竹名蕴含万两黄金的内涵，象征事业辉煌，财源滚滚（图9.2.9）。

学　　名：黄金间碧玉竹

别　　称：黄金竹　花竹

拉 丁 名：*Bambusa vulgaris cv. Vittata*

科　　属：禾本科　刚竹属

植物类型：常绿乔木状竹

典型特征：竿直立，鲜黄色，间以绿色纵条纹，节间圆柱形，节凸起。

典型习性：阳性，适生于疏松肥沃之砂质壤土，生长松散，抗风能力差。

园林用途：庭园内池旁、亭际、窗前或叠石之间，或绿地内成丛栽植。

地理位置：华南、华东地区。

图9.2.9　黄金间碧玉竹

10. 金镶玉竹

嫩黄色的竹竿上，于每节生枝叶处都天生成一道碧绿色的浅沟，位置节节交错，一眼望去，如根根金条上镶嵌着块块碧玉，清雅可爱，因此而得名（图9.2.10）。

学　　名：金镶玉竹

别　　称：金镶碧嵌竹

拉 丁 名：*Phyllostachys aureosulcata* ‘*Spectabilis*'

科　　属：禾本科　刚竹属　黄槽竹变种

植物类型：竹竿散生

典型特征：竹竿呈金黄色，隔节对称生长，位置节节交错，节下有白粉环。

典型习性：阳性，喜土层深厚、肥沃、湿润、排水和透气性能良好的砂壤土。

园林用途：玻璃窗外、墙角转弯处等，植于公园广场的水边等，形成竹林小道。

地理位置：北京、江苏、浙江均有栽培。

图 9.2.10　金镶玉竹

11. 毛竹

毛竹是一种散生竹，主要靠地下鞭在土壤里的游走来繁衍生存与扩张，静悄悄的但却是最有生机的一种生长方式，是世界上生长最神速的一种竹子，是一种积极向上的生活态度和生存技能（图9.2.11）。

学　　名：毛竹

别　　称：南竹、江南竹

拉 丁 名：*Phyllostachys heterocycla（Carr．）Mitford cv．Pubescens*

科　　属：禾本科　刚竹属

植物类型：常绿乔木状竹

典型特征：竿大型，幼竿密被细柔毛及厚白粉，基部节间甚短而向上则逐节较长。

典型习性：阳性，喜肥沃、湿润、排水和透气性良好的酸性砂质土或砂质壤土。

园林用途：营造风景林、水源涵养林以及公园与庭前宅后等。

地理位置：自秦岭、黄河流域至长江流域以南和台湾地区均有分布。

图 9.2.11　毛竹

12. 紫竹

紫竹因竹竿为紫黑色而得名（图9.2.12）。

学　　　名：紫竹

别　　　称：黑竹、墨竹

拉　丁　名：*Phyllostachys nigra（Lodd. ex Lind）Munro*

科　　　属：禾本科　刚竹属

植物类型：常绿乔木状竹

典型特征：幼竿绿色，密被细柔毛及白粉，箨环有毛，一年生以后的竿逐渐先出现紫斑，最后全部变为紫黑色。

典型习性：半阳性，耐寒，耐阴，忌积水，适合砂质排水性良好的土壤。

园林用途：庭院山石之间或书斋、厅堂、小径、池水旁。

地理位置：华东、华中均有分布。

图9.2.12　紫竹

13. 箬竹

箬竹生长快，叶大，翠绿（图9.2.13）。

学　　　名：箬竹

别　　　称：米箬竹、粽巴叶

拉　丁　名：*Indocalamus tessellatus（munro）Keng f.*

图9.2.13　箬竹

科　　属：禾本科　箬竹属

植物类型：灌木状竹

典型特征：叶片大型，箨鞘长于节间，上部宽松抱竿，无毛，下部紧密抱竿，宽披针形。

典型习性：阳性，稍耐寒，耐旱，耐半阴，喜疏松、排水良好的酸性土壤。

园林用途：林缘、假山旁、岩石园等。

地理位置：华东、华中均有分布。

14. 阔叶箬竹

阔叶箬竹生长快，叶大深绿（图 9.2.14）。

学　　名：阔叶箬竹

别　　称：寮竹、箬竹

拉　丁　名：*Indocalamus latifolius（Keng）McClure*

科　　属：禾本科　箬竹属

植物类型：灌木状竹

典型特征：竿高可达 2m，微有毛，叶片长圆状披针形。

典型习性：阳性，对土壤要求不严，在轻度盐碱土中也能正常生长。

园林用途：林缘、假山旁、岩石园、地被、河边护岸等。

地理位置：华东、华中均有分布。

图 9.2.14　阔叶箬竹

15. 菲白竹

菲白竹叶面上有白色或淡黄色纵条纹，菲白竹即由此得名，它是观赏竹类中一种不可多得的贵重品种（图 9.2.15）。

学　　名：菲白竹

别　　称：寮竹、箬竹

拉　丁　名：*Sasa fortunei（Van Houtte）Fiori*

科　　属：禾本科　苦竹属

植物类型：观赏矮小丛生竹

典型特征：节间细而短小，叶片短小，披针形，叶片绿色间有黄色至淡黄色的纵条纹。

典型习性：半阴性，耐寒，忌烈日，宜半阴，喜肥沃疏松排水良好的砂质土壤。

园林用途：庭园观赏、绿篱或与假石相配。

地理位置：华东地区为主。

图 9.2.15　菲白竹

16．佛肚竹

佛肚竹又称罗汉竹，因节间短而膨大，好似勒佛之肚，又好似叠起的罗汉，故此得名（图9.2.16）。

学　　名：佛肚竹

别　　称：佛竹、罗汉竹

拉 丁 名：*Bambusa ventricosa McClure*

科　　属：禾本科　簕竹属

植物类型：丛生型竹

典型特征：幼秆深绿色，稍被白粉，老时转黄色，秆二型，正常圆筒形，箨叶卵状披针形。

典型习性：阳性，耐水湿，喜湿暖湿润气候。

园林用途：庭院、公园、水滨等处种植，或与假山、崖石等配置。

地理位置：华南热带雨林地区。

图 9.2.16　佛肚竹

【知识拓展】

竹 叶 的 神 奇 功 效

竹叶功效，重在清心凉肺，正如《药品化义》所说："竹叶清香透心，微苦凉热，气味俱清，经曰，治温以清，专清心气……又取气清入肺，是以清气分之热，非竹叶不能。"至于临床应用，《本草正》记述较为具体："退虚热烦躁不眠，止烦渴，生津液，利小水，解喉痹，并小儿风热惊痫。"竹叶用鲜品则清心除烦力强。配合清心降火的灯心草，起协同作用。"轻可去实"之法则对病后体虚患者，尤具特殊意义。

竹叶青茶具有解渴消暑，解毒利尿的功效。竹叶青茶其味清香可口，其色微黄淡绿，其汤晶莹透亮，具有生津止渴、消热解毒、化痰的功效。

竹叶青茶内含皂苷、糖及维生素 A、C，有清热、消炎、利尿通便之功效。纯野生植物，生长于山崖石缝中《本草纲目》称：味苦寒、无毒。

其作用有：治疗关格诸癃结、小便不通、出刺、决肿、明目去翳、破胎堕子、下闭血。养肾气、逐膀胱邪逆、止霍乱、长毛发。

【实训提纲】

1. 实训目标

通过实训相关环节的练习使学生对竹子类植物有了全面的了解和掌握，积累和体会该类植物的配置方式。

2. 实训内容

（1）正确识别常见 10 种竹子的学名、拉丁名、科属、植物特性与分布、应用与文化。

（2）通过查阅相关资料了解竹子类植物在植物群落中的作用。

3. 考核评价

（1）出勤率（10%）。

（2）平时表现（20%）。

（3）文字表现（30%）。

（4）图纸表现（40%）。

第 10 章 观 赏 草

> **主要内容：**
>
> 　观赏草是园林绿化中近年来常用的绿化材料，本章将介绍具有代表性观赏草的学名、拉丁名、科属、植物特性与分布、应用与文化。
>
> **学习目标：**
>
> 　能够正确识别常见的观赏草 6 种，并掌握其专业术语及植物文化内涵，熟悉观赏草在园林绿化工程中的应用形式。

10.1　观赏草概念

　　观赏草大多对环境要求粗放，管护成本低，抗性强，繁殖力强，适应面广，又因其生态适应性强、抗寒性强、抗旱性好、抗病虫能力强、不用修剪等生物学特点而广泛应用于园林景观设计中。

10.2　常见观赏草

1. 狼尾草

狼尾草生命的坚韧，唤醒了青年沉睡的勇气，顽强的意志，解惑了困难低头的决心（图 10.2.1）。

学　　　名：狗尾草

别　　　称：大狗尾草

拉 丁 名：*Pennisetum alopecuroides（L.）Spreng*

科　　　属：禾本科　狼尾草属

植物类型：多年生草本

图 10.2.1　狼尾草

典型特征：须根较粗壮，叶鞘光滑，两侧压扁，叶片线形，先端长渐尖。

典型习性：阳性树种，耐湿、耐半阴、耐轻微碱、耐干旱贫瘠，萌发力强，病虫害少，花期5—8月。

园林用途：可以孤植、群植，片植于草地、岸边、石头旁等。

地理位置：东北、华北、华东、中南及西南各省区均有分布。

2. 细叶芒

细叶芒的秆纤维用途较广，作造纸原料、提炼柴油等（图10.2.2）。

学　　名：细叶芒

别　　称：拉手笼

拉　丁　名：*Miscanthus sinensis*

科　　属：禾本科　芒属

植物类型：多年生暖季型草本

典型特征：株高1～2m，冠幅60～80cm，叶片线形直立纤细。

典型习性：半阳性树种，耐旱，也耐涝，适宜湿润排水良好的土壤种植，花期9—10月。

园林用途：可与岩石配置，也可种于路旁、小径、岸边、疏林下等。

地理位置：华北、华中、华南、华东、及东北等地均有分布。

图10.2.2　细叶芒

3. 斑叶芒

斑叶芒常作为观赏草使用（图10.2.3）。

学　　名：斑叶芒

拉　丁　名：*Miscanthus sinensis Andress 'Zebrinus'*

科　　属：禾本科　芒属

植物类型：多年生草本

典型特征：叶鞘长于节间，鞘口有长柔毛，下面疏生柔毛并被白粉，具黄白色环状斑，斑纹横截叶片。

典型习性：半阳性树种，性强健，抗性强。

园林用途：可以结合石头孤植、列植、片植等。

地理位置：华北、华中、华南、华东及东北地区均有分布。

图 10.2.3　斑叶芒

4. 细茎针芒

细茎针芒形态优美，随风吹拂（图 10.2.4）。

学　　　名：细茎针芒

别　　　称：墨西哥羽毛草、利坚草

拉　丁　名：*Miscanthus sinensis Andress 'Zebrinus'*

科　　　属：禾本科　芒属

植物类型：多年生冷季型草本

典型特征：植株密集丛生，茎秆细弱柔软，叶片细长如丝状。

典型习性：半阳性，喜土层深厚、肥沃、湿润、排水和透气性能良好的砂壤土。

园林用途：可与岩石配置，也可种于路旁、小径，亦可用作花坛、花境镶边。

地理位置：华北、华中、华南、华东及东北地区均有分布。

图 10.2.4　细茎针芒

5. 玉带草

玉带草因其叶扁平、线形、绿色且具白边及条纹，质地柔软，形似玉带，故得名玉带草（图10.2.5）。

学　　　名：玉带草

别　　称：斑叶芦竹

拉　丁　名：*Phalaris arundinacea var. picta*

科　　属：禾本科　芒属

植物类型：多年生宿根草本植物

典型特征：根部粗而多间结似竹，茎部粗壮近木质化。叶片宽条形，边缘浅黄色或白色条纹。

典型习性：阳性，喜湿润肥沃土壤，耐湿、耐寒、耐盐碱，花果期6—8月。

园林用途：可以布置于路边花境，水景园背景材料，点缀于桥、亭、榭四周等。

地理位置：华北、华中、华南、华东及东北地区均有分布。

图 10.2.5　玉带草

6. 花叶芦竹

花叶芦竹茎干高大挺拔，形状似竹，叶色黄白条纹相间（图 10.2.6）。

学　　名：花叶芦竹

别　　称：斑叶芦竹

拉　丁　名：*Arundo donax var. versicolor*

科　　属：禾本科　芦竹属

植物类型：多年生宿根草本植物

图 10.2.6　花叶芦竹

典型特征：茎部粗壮近木质化，地上茎挺直，有间节，似竹。

典型习性：阳性，耐水湿，也较耐寒，不耐干旱和强光，喜肥沃疏松和排水良好的微酸性沙质土壤。

园林用途：主要用于水景园林背景材料，也可点缀于桥、亭、榭四周。

地理位置：江苏及以南地区有分布。

【知识拓展】

观 赏 草 的 养 护

日常维护主要是每年冬末或早春对老杆进行剪除，使新生芽免受遮蔽，保持较快的生长。簇生型的观赏草要进行分株，以维持旺盛的生命力。

分株的频率取决于观赏草的种类、土壤的肥沃程度、日照强度等。

对于大多数的草种，每三年分株一次是安全的方法，分株工作一般在秋季或初春完成。

【实训提纲】

1. 实训目标

（1）能够识别常见的观赏草植物，并能熟悉其习性和应用。

（2）查阅相关资料了解观赏草的学名、拉丁名、科属、植物特性与分布、应用与文化。

2. 实训内容

（1）通过观察，识别常见的观赏草种类。

（2）通过资料查阅熟悉常见观赏草的分类地位、栽培特性及应用形式。

3. 考核评价

（1）可事先根据教学内容及学生所做的实验内容，采集校园内的3～5种植物（以观赏草植物为主）的全株，要求学生在规定的时间内用分类学术语对所采植物的营养器官的形态特征进行准确的描述。

（2）详细描述本地适宜的观赏草的生态习性以及园林用途。

附录1 课程教学设计

附表 1-1　　　　　　　　　　　　　　课 程 教 学 设 计

序号	内容	知识、能力、素质目标	教学活动设计	参考课时
1	绪论	知识目标： (1) 了解园林植物的概念和学习方法。 (2) 了解园林植物在园林建设中地位和作用。 (3) 掌握国家行业职业相关术语。 (4) 掌握植物的表达方法。 能力目标： 在园林植物的实际应用中能正确理解园林植物概念、内容和相关术语。 素质目标： 培养学生热爱科学、不断探索、严谨求学的学风和创新意识、创新精神	(1) 采用多媒体教学手段，展示各种图片讲解园林植物的概念、相关术语。 (2) 结合成功的案例教授学生学习方法	6 学时
2	园林植物应用与分类	知识目标： (1) 掌握植物的形态特征。 (2) 掌握植物的分类方法与应用。 能力目标： (1) 能识别常见类型的根、茎、叶。 (2) 在实际的工程中能够理解和应用绿化中的应用，花卉在园林绿化中的应用，水生植物的园林绿化中的应用。 素质目标： 培养学生热爱科学、不断探索、严谨求学的学风和创新意识、创新精神	(1) 运用比较法。 (2) 小组讨论法。 (3) 实践理论一体化教学法。 (4) 采用多媒体教学手段。 (5) 现场教学	10 学时
3	木本园林植物	知识目标： 木本园林的形态特征、分布、应用，常见木本乔木 100 种、常见木本灌木 100 种。 能力目标： 能进行标本的采集和鉴定、会识别园林植物、能根据园林用途选择园林植物。 素质目标： 培养学生热爱科学、不断探索、严谨求学的学风和创新意识、创新精神	(1) 采用多媒体。 (2) 网络课程资源。 (3) 运用比较法。 (4) 现场教学	20 学时
4	草本园林植物	知识目标： 草本园林植物的形态特征、分布、应用，常见一、二年生花卉（30 种）、宿根花卉（20 种）、球根花卉（20 种）。 能力目标： 能够进行标本的采集和鉴定、会识别园林植物、能根据园林用途选择园林植物。 素质目标： 培养学生热爱科学、不断探索、严谨求学的学风和创新意识、创新精神	(1) 采用多媒体。 (2) 网络课程资源。 (3) 运用比较法。 (4) 现场教学	20 学时
5	其他园林植物	知识目标： 其他园林植物的形态特征、分布、应用，达到常见水生园林植物（15 种）、草坪与地被植物（15 种）。 能力目标： 能够进行标本的采集和鉴定、会识别园林植物、能根据园林用途选择园林植物。 素质目标： 培养学生热爱科学、不断探索、严谨求学的学风和创新意识、创新精神	(1) 采用多媒体。 (2) 网络课程资源。 (3) 运用比较法。 (4) 现场教学	20 学时
其他		机动		2 学时
		考核评价		2 学时
总课时				80 学时

附录2 实训课程标准

一、实训课的性质、任务与目的

实训课是园林类专业的必修课，通过本课程的学习，使学生掌握园林植物的调查、园林植物的识别、标本采集制作及园林植物的应用等技能；掌握园林植物基本知识、基本理论的综合运用。

二、实训课的基本理论知识

实训课以园林植物理论课程教学为基础。学生应在基本掌握园林植物的形态构造、生长发育规律、分类方法、地理分布、繁殖方法和应用的基础上，进入本课程的学习。

三、实训方式与基本要求

本课程以5～8人一组分组进行实训。要求学生在明确实训要求后，运用所学知识，分工协作，完成实训任务。

四、实训项目的设置与内容提要

附表 2-1　　　　　　　　　　　　　　实训项目设置与内容提要

序号	实训项目	实训学时	实训内容及应掌握技能	每组人数	备注
1	园林植物调查	6学时	掌握园林植物调查和资料整理的方法 （1）园林植物的调查：调查类别，调查方法，记载方法。 （2）调查资料的整理方法：园林植物的种类、行道树、抗污染树种、本地特色的园林植物等	5～8人	在教学实训组织学生对本地的园林植物调查，要求学生写出调查报告
2	园林植物标本的采集与制作	6学时	园林植物标本是鉴定园林植物的依据，是科学研究的重要材料，又是供教学用的生动教材。 掌握园林植物标本采集与制作方法。 （1）园林植物标本的采集：采集的时间、地点、采集的方法。 （2）园林植物标本的制作：标本的压制及保存	5～8人	在教学实训中组织学生采集几种园林植物进行制作
3	园林植物的识别	32学时	园林植物的识别是掌握园林植物生长发育规律、习性、繁殖方法和应用的基础。通过园林植物的识别，要求学生掌握运用检索表鉴定园林植物标本，识别常见园林植物350～400种	5～8人	在教学实训中组织学生采集一定量的标本，观察园林植物的标本，描述各标本的特征，并鉴定标本。最后组织考核标本100种
4	园林植物在城市园林中的应用	6学时	要求学生了解各园林植物的配置，掌握各园林植物在城市园林中的具体运用。 参观城市的公园、广场、花圃等	5～8人	在教学实训中组织学生注意观察园林植物的配置、种植设计和种类等

五、实训场所

校园内、校外的实训基地、城市公园、广场、森林公园、花卉市场等。

六、考核方式与评分办法

考核方式：识别标本。

评分办法：本课程的成绩根据学生的学习态度、实训报告的质量、标本识别考核结果等三方面的情况进行评定，学习态度占 20%，标本识别考试占 40%，实训报告质量占 40%。

附录3 《园林植物》测试题

班级：　　　　　姓名：　　　　　学号：

题号	一	二	三	四	五	……	……	……	……	总分
得分										

一、填空题（20分，每题2分×10）

1. 水生植物的类型分为：挺水植物、（　　　　）、（　　　　）和沉水植物。

2. 植物界又分为藻类、苔藓、（　　　　）、（　　　　）和被子植物。

3. 桂花常见品种有（　　　　）、银桂、（　　　　）和四季桂四类。

4. 植物的叶一般由（　　　　）、（　　　　）和（　　　　）。

5. 蔷薇科又分为4个亚科即：（　　　　）、蔷薇亚科、李亚科、苹果亚科。

6. 世界著名公园五大树种是：雪松、（　　　　）、（　　　　）、南洋杉、巨杉。

7. 鸡爪槭属于槭树科叶为掌状裂，叶缘有（　　　　）齿。

8. 枝条上着生叶子的部位称为（　　　　），相邻两节之间称为（　　　　）。

9. 北京香山的红叶是（　　　　）植物的叶子。

10. 中国十大名花是牡丹、梅花、菊花、（　　　　）、（　　　　）、月季、杜鹃、山茶、荷花、水仙。

二、单项选择题（10分，每题1分×10）

1. 下列（　　　）组配植属于自然式栽植。

A. 丛植；群植；林植　　　　B. 孤植；对植；列植　　　　C. 孤植；丛植；多角形植

2. 下列树种，具圆锥花序的是（　　　　）。

A. 国槐　　　　　　　　　　B. 石楠　　　　　　　　　C. 栀子花　　　　　　　　D. 麻栎

3. 下列（　　　）组植物为秋叶红艳的树种。

A. 鸡爪槭、石楠、银杏　　　B. 黄连木、乌桕、鸡爪槭　　　　C. 三角枫、黄栌、栾树

4. "岁寒三友"是指（　　　）三种植物。

A. 梅、竹、松　　　　　　　B. 梅、兰、菊　　　　　　　C. 松、竹、菊

5. 拉丁文双名法规定第一个词是（　　　），第二个词是种加词，第三个词为命名人。

A. 科名　　　　　　　　　　B. 属名　　　　　　　　　C. 种名

6. 下列（　　　）组植物都属于蔷薇科落叶植物？

A. 海棠、垂丝海棠、腊梅　　B. 西府海棠、山荆子、秋子梨　　　　C. 樱花、木瓜、石楠

7. 下列（　　　）组植物都属于蔷薇科常绿植物？

A. 火棘、石楠、山楂　　　　B. 火棘、石楠、山荆子　　C. 枇杷、石楠、火棘

8. 下列树种，果实成熟时为黄色者的是（　　　　）。

A. 枇杷　　　　　　　　　　B. 山楂　　　　　　　　　C. 石楠　　　　　　　　D. 樱桃

9. 下列（　　）组的针叶植物的针叶都是两针一束。

A. 油松、马尾松、赤松　　　　B. 黑松、油松、白皮松　　C. 樟子松、油松、白皮松

10. 下列树种，果实为梨果的是（　　）。

A. 樱桃　　　　　　　　　　B. 中华绣线菊　　　　　　C. 石楠　　　　　　　　D. 月季

三、判断题（15分，每题1分×15）

1. 桑树、垂柳、银杏均为雌雄同株的植物。（　　）

2. 裸子植物突出特征是胚珠不为心皮所包被，因而形成的种子呈裸露状态。（　　）

3. 水杉是杉科，落叶乔木，冠圆锥形，叶扁线形柔软，羽状排列互生。（　　）

4. 银杏树为银杏科，叶为扇形，先端常两裂，叶在短枝上簇生。（　　）

5. 池杉、乌桕、垂柳都很耐水湿，可用于湿地的绿化。（　　）

6. 水松、雪松、油杉均属于松科。（　　）

7. 园林植物在六界三域分类中，主要集中在裸子和被子植物中。（　　）

8. 池杉是杉科，落叶乔木，冠圆锥形，叶锥形略扁螺旋状互生。（　　）

9. 乌桕是大戟科，体含乳液，叶菱状广卵形互生先端尾状。（　　）

10. 三角枫和枫香均为单叶对生，都属于槭树科。（　　）

11. 水杉、银杏均为我国保护植物，被称为"活化石"。（　　）

12. 日本樱花属于蔷薇科，花期4月中旬，花叶同放，花期较短。（　　）

13. 银杏是落叶大乔木，雌雄异株，种子核果状。（　　）

14. 重阳木为大戟科，落叶乔木，树体有乳汁，皮纵裂，三出复叶互生。（　　）

15. 鹅掌楸为木兰科鹅掌楸属落叶大乔木。（　　）

四、树种与科对应连线（5分，每题0.5分×10）

1. 泡桐　　　　　　　　含羞草科

2. 鹅掌楸　　　　　　　玄参科

3. 合欢　　　　　　　　木兰科

4. 臭椿　　　　　　　　蔷薇科

5. 锦带　　　　　　　　松科

6. 枫香　　　　　　　　金缕梅科

7. 青杆　　　　　　　　忍冬科

8. 乌桕　　　　　　　　苦木科

9. 香椿　　　　　　　　大戟科

10. 石楠　　　　　　　　楝科

五、简答题（20分，每题5分×4）

1. 植物分类单位有哪些？什么叫"种"？

2. 简述花境的概念。

3. 简述冷杉与青杆形态特征的主要区别。

4. 园林树木的选择与配置原则有哪些？

六、问答题（30 分，每题 6 分×5）

1. 对比描述白玉兰、紫玉兰、广玉兰在形态上的异同点？

2. 比较区别松、杉、柏科的形态特征？

3. 苏木科、含羞草科、蝶形花科三个科在形态上的有什么异同点？

4. 园林树木的配置原则有哪些？

5. 白榆、榔榆、榉树在形态上有什么异同点？

附录 4　评分标准及参考答案

一、填空题（20 分，每题 2 分 × 10）

1. 浮水植物、漂浮植物　2. 蕨类、裸子　3. 金桂、丹桂　4. 叶片、叶柄、托叶　5. 绣线菊亚科

6. 金钱松、日本金松　7. 重锯　8. 节、节间　9. 黄栌　10. 兰花、桂花

二、单项选择题（10 分，每题 1 分 × 10）

1. A　2. A　3. B　4. A　5. B　6. B　7. C　8. A　9. A　10. C

三、判断题（15 分，每题 1 分 × 15）

1. √　2. √　3. ×　4. √　5. √　6. ×　7. ×　8. √　9. √　10. ×　11. √　12. ×　13. √

14. ×　15. √

四、树种与科对应划连线（5 分，每题 0.5 分 × 10）

1. 泡桐————————玄参科　　　　2. 鹅掌楸————————木兰科

3. 合欢————————含羞草科　　　4. 臭椿————————苦木科

5. 锦带————————忍冬科　　　　6. 枫香————————金缕梅科

7. 青杆————————松科　　　　　8. 乌桕————————大戟科

9. 香椿————————楝科　　　　　10. 石楠————————蔷薇科

五、简答题（20 分，每题 5 分 × 4）

1. 植物分类单位有哪些？什么叫"种"？

答：界、门、纲、目、科、属、种

种：具有相似的形态特征和生物学特征，具有一定的分布区域，同种结和可以产生性状不变的可育
后代。

2. 简述花境的概念。

答：花境是一种带状自然式花卉布置的形式。它以树丛、绿篱或建筑物为背景，通常由几种花卉呈
自然块状混合配置而成，表现花卉自然散布的生长景观。

3. 简述冷杉与青杆形态特征的主要区别。

答：冷杉：一年生枝淡褐色或灰褐色，叶线形扁平，疏生短毛或无毛。叶条形扁平，叶端微凹或
钝，边缘微反卷，拔下根部有叶痕。球果直立。较耐寒。

青杆：一年生枝淡黄绿色或淡黄灰色，无毛。叶针形较短，横断面菱形，互生。叶根部有明显叶枕（突起物），球果下垂。较耐阴。

4. 园林树木的选择与配置原则有哪些？

（1）美观、实用、经济相结合的原则。

（2）树木特性与环境相适应的原则。

六、问答题（30分，每题6分×5）

1. 对比描述白玉兰、紫玉兰、广玉兰在形态上的异同点？

答：（1）白玉兰：（木兰科木兰属）落叶，花期3—4月，白色，先花后叶，叶端宽圆或平截，具短突尖，观赏春花。花瓣托面油煎食味佳。

（2）紫玉兰：（木兰科木兰属）落叶，花期3—4月，紫色，先花后叶，叶端急尖火渐尖，观赏春花。中药：晾干花芽"辛夷"治鼻炎。

（3）广玉兰：（木兰科木兰属）别名洋玉兰，原产美洲。常绿，花期5—6月，白色，先叶后花，叶革质，边缘为卷，叶面有光泽，深绿色。观赏花和树叶。

2. 比较区别松、杉、柏科的形态特征？

答：（1）松科：树皮鳞片状开裂或龟甲状开裂。枝条长短枝均有。叶条形、针形或四棱形。2、3、5针一束或簇生。球花单性，雌雄同株或异株。珠鳞与包鳞分离，希无种翅。

（2）杉科：树皮长条状剥裂。枝条大枝轮生或近轮生。叶鳞形、披针形、钻形或条形。球花单性，雌雄同株。珠鳞与包鳞半合生，均有种翅。

（3）柏科：树皮长条状剥裂。小枝扁平。叶鳞形或刺形。球花单性，雌雄同株或异株。珠鳞与包鳞，仅尖头分离。有或无种翅。

3. 苏木科、含羞草科、蝶形花科三个科在形态上的有什么异同点？

答：（1）苏木科：花大，左右对称。花瓣5片，上部一枚在最内，雄蕊10个，荚果。

（2）含羞草科：花小，辐射对称，花瓣5片，镊合状排列，中下部合生。荚果。

（3）蝶形花科：花冠蝶形，花瓣5片，上部一枚在外雄蕊10个，荚果。

4. 园林树木的配置原则有哪些？

答：（1）株型整齐，观赏价值较高的树种。树种或花型、叶形、果实奇特，或花色鲜艳，或花期长。

（2）繁殖容易，移植后易于成活和恢复生长，生长迅速而健壮的树种（最好是乡土树种）。

（3）能适应管理粗放，对土壤、水分、肥料要求不高的树种。

（4）树干断指、树形端正、树冠优美、冠大荫浓、遮阴效果好的树种。树种要求分枝够高，主枝伸张，角度与地面不少于30°，叶片紧密。

（5）要求发叶早，落叶迟的树种。适合本地区正常生长，晚秋落叶期在短时间内树叶即能落光，便于集中清扫。

（6）要求为深根性、无刺、花果无毒、无不良气味、无飞毛、少根蘖的树种。

（7）适应城市生态环境，树木寿命较长，生长速度不太缓慢，有一定耐污染、抗烟尘能力的树种。

5. 白榆、榔榆、榉树在形态上有什么异同点？

答：（1）白榆：（榆科）树皮纵裂粗糙，小枝灰色细长，排成两列状。叶缘具不规则单锯齿，单叶互生羽状脉，花期春季 3—4 月，先花后叶。翅果近圆形。

（2）榔榆：（榆科）树皮不规则斑块状剥落，叶小而厚，叶缘具单锯齿。8—9 月花期。

（3）榉树：（榆科）树皮不裂，小枝红褐色密被柔毛，叶缘具单锯齿桃形，单叶互生羽状脉，
表面粗糙，背面淡灰色柔毛。花期 3—4 月。观赏最佳为秋叶转红。

附录5 相关网络链接

1. 花卉图片：http：//www. fpcn. net /

2. 花之苑：http：//www. cnhua. net /zhiwu /

3. 植物图片大全：http：//www. bm8. com. cn /zhiwutupian /

4. CVH 植物图片库：http：//www. cvh. ac. cn /

5. 中国植物图像库：http：//www. plantphoto. cn /

6. 中国数字植物标本馆：http：//www. cvh. org. cn /

7. 中国植物数据库：http：//www. plant. csdb. cn /

8. 中国珍稀植物网：http：//www. rareplants. cn

9. 中国珍稀濒危植物：http：//jky. qzedu. cn /zhsj /zxzw /zxzwzy. htm

10. 植物图片：http：//www. nature. sdu. edu. cn /artemisia /picture. htm

11. 中国植物保护网：http：//www. ipmchina. net /

12. 中国园林网：http：//www. yuanlin. com /

13. 中国园林绿化网：http：//www. yllh. com. cn /

14. 中国园林花木网：http：//www. cx987. cn /

15. 中国园林绿化信息网：http：//www. zgyllhxx. com /

16. 中国园林养护网：http：//www. yuanlin168. com /

17. 中华园林网：http：//www. yuanlin365. com /

18. 中国风景园林网：http：//www. chla. com. cn /

19. 中国花卉协会 http：//www. chinaflower. org /

20. 中国风景园林学会 http：//www. chsla. org. cn /

附录6 索 引

第4章 乔 木

第5章 灌 木

第6章　花　卉

第7章　藤　本

第8章　水　生　植　物

参 考 文 献

［1］　陈有民．园林树木学［M］．北京：中国林业出版社，2003.

［2］　刘燕．园林花卉学［M］．北京：中国林业出版社，2008.

［3］　董丽．园林花卉应用［M］．北京：中国林业出版社，2008.

［4］　北京林业大学园林花卉教研组．花卉学［M］．北京：中国林业出版社，2004.

［5］　陈俊愉．中国花卉品种分类学［M］．北京：中国林业出版社，2001.

［6］　王永，等．园林树木［M］．北京：中国电力出版社，2009.

［7］　尤伟忠，等．园林树木栽植与养护［M］．北京：中国劳动社会保障出版社，2009.

［8］　邱国金，等．园林树木［M］．北京：中国农业出版社，2006.

［9］　车代弟，等．园林植物［M］．北京：中国农业科学技术出版社，2008.

［10］　陈有民，等．园林树木学［M］．北京：中国林业出版社，2000.

［11］　张文静，等．园林植物［M］．郑州：黄河水利出版社，2010.

［12］　郑万钧．中国树木志［M］．北京：中国林业出版社，1983，1985，1997.

［13］　周以良．黑龙江树木志［M］．哈尔滨：黑龙江科学技术出版社，1986.

［14］　刘仁林．园林植物学［M］．北京：中国科学技术出版社，2003.

［15］　孙余杰，等．园林树木学［M］．北京：中国建筑工业出版社，1996.

［16］　陈有民．园林树木学［M］．北京：中国林业出版社，1990.

［17］　吴棣飞．常见园林植物识别图鉴［M］．重庆：重庆大学出版社，2010.

［18］　殷广鸿．公园常见花木识别与欣赏［M］．北京：中国农业出版社，2010.

［19］　江泽慧．世界竹藤［M］．沈阳：辽宁科学技术出版社，2002.

［20］　张志达．中国竹林培育［M］．北京：中国林业出版社，1998.

［21］　辉朝茂，杜凡，杨宇明．竹类培育与利用［M］．北京：中国林业出版社，1996.

［22］　方彦，何国生．园林植物［M］．北京：高等教育出版社，2007.

［23］　陈有民．园林树木学［M］．北京：中国林业出版社，1990.

［24］　刘仁林．园林植物学［M］．北京：中国科学技术出版社，2003.

［25］　高润清．园林树木学［M］．北京：中国建筑工业出版社，2003.

［26］　吴棣飞，尤志勉．常见园林植物识别图鉴［M］．重庆：重庆大学出版社，2010.

［27］　毛洪玉．园林花卉学［M］．北京：化学工业出版社，2005.

［28］　刘燕．园林花卉学［M］．北京：中国林业出版社，2009.